课书房
新/形/态/教/材

高等职业教育建设工程管理类专业系列教材
GAODENG ZHIYE JIAOYU JIANSHE GONGCHENG GUANLILEI ZHUANYE XILIE JIAOCAI

BIM GONGCHENG ZHAOTOUBIAO YU HETONG GUANLI

BIM工程招投标与合同管理

主　编/李　静　张丽丽
副主编/陈　辉　王天利　李　淑
参　编/安　泽　张贵国　胡振博
齐嘉文　杜润泽

重庆大学出版社

内容提要

本书包含5个项目，即招投标准备，招标业务，投标业务，开标、评标、定标及签订合同业务，施工合同管理和工程索赔。每一项目均设置有典型工作环节，每一典型工作环节下又设置"具体任务""学习资料""评价与思考""巩固训练"4个部分。"具体任务"根据工程实例，结合广联达BIM招投标沙盘执行评测系统、广联达工程交易管理服务平台、广联达电子招标文件编制工具软件、广联达电子投标软件编制工具软件、广联达BIM土建计量平台、广联达云计价软件、广联达BIM施工现场布置软件、广联达斑马·梦龙网络计划软件等的操作，让学生模拟招标人及投标人身份和合同管理及施工索赔场景，进行任务实操；"学习资料"系统地介绍招投标、施工合同管理及工程索赔方面的法规、规范及原则，让学生熟悉原则、规范；"评价与思考"环节有效完成学习表现评价，对学生学习表现进行反思；"巩固训练"通过课后习题进一步对所学内容进行练习。

本书可作为高等职业教育建筑工程技术、工程管理及工程造价等专业的教材，也可作为招投标行业从业人员在实际工作中的指导用书。

图书在版编目(CIP)数据

BIM工程招投标与合同管理 / 李静，张丽丽主编. --
重庆：重庆大学出版社，2022.12
高等职业教育建设工程管理类专业系列教材
ISBN 978-7-5689-3361-2

Ⅰ. ①B… Ⅱ. ①李… ②张… Ⅲ. ①建筑工程—招标—应用软件—高等职业教育—教材②建筑工程—投标—应用软件—高等职业教育—教材③建筑工程—经济合同—管理—应用软件—高等职业教育—教材 Ⅳ. ①TU723-39

中国版本图书馆CIP数据核字(2022)第190535号

高等职业教育建设工程管理类专业系列教材
BIM工程招投标与合同管理
主 编 李 静 张丽丽
副主编 陈 辉 王天利 李 淑
策划编辑：刘颖果
责任编辑：张红梅 版式设计：刘颖果
责任校对：谢 芳 责任印制：赵 晟
*
重庆大学出版社出版发行
出版人：饶帮华
社址：重庆市沙坪坝区大学城西路21号
邮编：401331
电话：(023) 88617190 88617185(中小学)
传真：(023) 88617186 88617166
网址：http://www.cqup.com.cn
邮箱：fxk@cqup.com.cn (营销中心)
全国新华书店经销
重庆俊蒲印务有限公司印刷
*
开本：787mm×1092mm 1/16 印张：13 字数：327千
2022年12月第1版 2022年12月第1次印刷
印数：1—2 000
ISBN 978-7-5689-3361-2 定价：48.00元

前 言

随着电子招投标技术广泛应用于国家及各省市公共资源中心的建设，BIM + 电子招投标技术在相关规范中越来越重要，掌握基于 BIM 的电子招投标技术成为建筑工程相关专业学生的重要技能。本书联合广联达科技股份有限公司，结合“1 + X”建筑信息模型(BIM)职业技能等级考试和“1 + X”工程造价数字化应用职业技能等级考试的要求，以及注册造价工程师、注册建造师等职业的岗位需求，有效融入行业前沿的 BIM 电子招投标内容，通过遴选职业活动，以典型工作任务为载体组织教学单元，将传统教材改造成基于项目导向的活页式教材。

本书设计“知识内化、能力提升、素养提高”三维教学目标，有效地融入课程思政，符合学生的认知特点，体现先进的职业教育理念，将知识、能力和正确价值观的培养有机结合，能够满足学生项目学习、案例学习、个性化学习等不同学习方式的要求，有效激发学生的学习兴趣和创新潜能。

本书配套丰富的电子资源，通过扫描二维码，可查看难点解析、工程项目案例，并可下载相关电子案例等。通过对本书内容的学习，学生能够在掌握招投标的行业法规、规范与原则的同时，按照职业岗位流程以任务模式模拟工程项目的招标、投标、开标、评标及施工合同管理、工程索赔各个流程，更好地培养符合职业技术教育要求的高素质技能型人才。

本书由北京工业职业技术学院李静、张丽丽担任主编；北京工业职业技术学院陈辉、王天利，国家开放大学李淑担任副主编；北京工业职业技术学院安泽、张贵国，广联达科技股份有限公司胡振博、齐嘉文，中集建设集团有限公司杜润泽参与编写；全书由李静统稿。本书具体编写分工如下：张丽丽、胡振博共同编写项目 1，王天利、齐嘉文共同编写项目 2，张贵国、杜润泽共同编写项目 3，陈辉、李淑共同编写项目 4，李静、安泽共同编写项目 5。

在本书编写过程中，编者参阅了大量的参考资料和案例，在此对各位同行以及资料提供者表示衷心的感谢！由于编者水平有限，书中难免存在不足和疏漏之处，敬请读者批评指正。

编 者

2022 年 6 月

目 录

项目1　招投标准备

◇知识目标

1. 了解建筑市场。
2. 掌握我国建筑市场资质管理的范围和具体要求。
3. 熟悉我国建设工程交易中心的性质与重要作用。
4. 了解招标人的岗位职能。
5. 了解投标人的岗位职能。
6. 了解企业资料备案的主要内容。

◇能力目标

1. 能够模拟完成工程招投标企业注册备案工作。
2. 能够准确识别招投标工作业务流程。

◇素养目标

培养学生团队合作的能力。

典型工作环节1　认识建筑市场

具体任务

任务1:描述建筑市场的特点。

任务 2：梳理建筑市场的主体和客体，完成表 1.1。

表 1.1　建筑市场的主体和客体

建筑市场	主体	
	客体	

任务 3：列举建设工程交易中心的主要职能。

建筑市场

学习资料

1. 建筑市场概述

建筑市场是指以工程承发包交易活动为主要内容的市场。建筑市场有广义和狭义之分。狭义的建筑市场一般是指有形建筑市场，有固定的交易场所，如建设工程交易中心，项目招投标主体通过招标、投标形式在建设工程交易中心完成建筑产品的交换关系。广义的建筑市场包括有形建筑市场和无形建筑市场，是指除了以建筑产品为交换内容的市场，还包括与建筑产品的生产和交换密切相关的勘察设计市场、劳动力市场、建筑生产资料市场、建筑资金市场和建筑技术服务市场等的建筑市场体系，因此，可以说广义的建筑市场是工程建设生产和交易关系的总和。

2. 建筑市场的特点

1）建筑市场主要交易对象的单件性

建筑市场的主要交易对象——建筑产品不可能批量生产，建筑市场的买方只能通过选择建筑产品的生产单位来完成交易。建筑产品都是各不相同的，都需要单独设计、单独施工。因此，无论是咨询、设计还是施工，发包方都只能在建筑产品生产之前，以招标等方式向一个或一个以上的承包商提出自己对建筑产品的要求，承包商则以投标的方式提出各自产品的价格，通过承包商之间在价格和其他条件上的竞争，决定建筑产品的生产单位。最后，由双方签订合同确定承发包关系。建筑市场交易方式的特殊性就在于交易过程在产品生产之前开始。因此,发包方选择的不是产品,而是产品的生产单位。

2)生产活动与交易活动的统一性

建筑市场的生产活动和交易活动交织在一起,从工程建设的咨询、设计、施工发包与承包,到工程竣工、交付使用和保修,发包方与承包方进行的各种交易(包括生产)都是在建筑市场中进行的,都自始至终共同参与。即使是不在施工现场进行的商品混凝土供应、构配件生产、建筑机械租赁等活动,也都是在建筑市场中进行的,往往是发包方、承包方、中介组织都参与活动。交易的统一性使得交易过程长、各方关系处理极为复杂。因此,合同的签订、执行和管理就显得极为重要。

3)建筑市场有严格的行为规范

建筑市场的上述两个特点,导致其表现出第 3 个特点,即有一套严格的市场行为规范,这种规范是在长期实践中形成的,是建筑市场参与者共同遵守的行为规范,例如,市场参与者应当具备的条件、需求者如何准确表达自己的购买要求、供应(生产)者怎样对购买要求做出明确反应、双方成交程序和订货(承包)合同条件,以及交易过程中双方应遵守的其他细节等。这些具体的明文规定,要求市场参与者必须遵守,且对每一个参与者都具有法律或道德约束力,以此保证建筑市场能够有序运行。

4)建筑市场交易活动的长期性和阶段性

建筑产品生产周期长,与之相关的设计、咨询、材料设备供应等持续的时间也较长。其中,生产环境(气候、地质等条件)、市场环境(材料、设备、人工的价格变化和政府政策变化的不可预见性)决定了建筑市场中合同管理的重要性。一般都要求使用合同示范文本,要求合同签订详尽、全面、准确、严密,对可能出现的情况约定各自的责任和权利,以及相关问题的解决方法和原则。

建筑市场在不同的阶段具有不同的交易形态。实施前,交易形态是咨询机构提出的可行性研究报告或其他咨询文件;在勘察设计阶段,交易形态是勘察报告或设计方案及图纸;在招投标阶段,交易形态是招投标代理机构编制的标底或预算报告;在施工阶段,交易形态是一幢建筑物、一个工程群体;此外,在有些阶段,交易形态甚至可以是无形的,如咨询单位和监理单位提供的智力劳动。

5)建筑市场交易活动的不可逆转性

建筑市场交易中,一旦达成协议,设计、施工、咨询等承包单位必须按照双方约定进行设计、施工和咨询管理。项目竣工后不可能返工、退换,因此对工程质量、工作质量有严格要求,设计、施工、咨询、建材、设备的质量必须满足合同要求,满足国家规范、标准和规定。任何过失均可能对工程造成不可挽回的损失,因此卖方的选择和合同条件至关重要。

6)建筑市场具有显著的地域性

一般来说,建筑产品规模和价值越小,技术越简单,则其地域性越强,或者说其咨询、设计、施工、材料设备等供应方的区域范围越小;反之,建筑产品规模越大,技术越复杂,建筑产品的地域性越弱,供应方的区域范围越大。

7)建筑市场竞争较为激烈

由于建筑市场中的需求者相对来说处于主导地位,甚至是相对垄断地位,因此加剧了建筑市场的竞争。建筑市场的竞争主要表现为价格竞争、质量竞争、工期竞争、进度竞争和企业信誉竞争。

8)建筑市场的社会性

建筑市场的交易对象主要是建筑产品,所有的建筑产品都具有社会性。例如,建筑产品的位置、施工和使用对城市规划、环境以及人们安全的影响。这一特点决定了作为公众利益代表的政府必须加强对建筑市场的管理,加强对建筑产品规划、设计、交易、开工、建造、竣工、验收和投入使用过程的管理,以保证建筑施工和建筑产品的质量和安全。工程建设的规划和布局、设计和标准、承发包、合同签订、开工和竣工验收等市场行为,都要由行政主管部门审查和监督。

9)建筑市场与房地产市场的交融性

建筑市场与房地产市场有着密不可分的关系,工程建设是房地产开发的必要环节,房地产市场则承担着部分建筑产品的流通。这一特点决定了鼓励和引导建筑企业经营房地产业的必要性。建筑企业经营房地产,可以在生产利润之外获得一定的经营利润和风险利润,增强和积累企业发展基础以及抵御风险的能力。由于建筑企业的进入,房地产业减少了经营环节,改善了经营机制,降低了经营成本,有助于其繁荣和发展。

3.建筑市场的主体和客体

1)建筑市场的主体

(1)业主

业主是指既有某项工程建设需要,又具有该项工程建设相应的建设资金和各种准建手续,在建筑市场中发包工程建设的勘察、设计、施工任务,并最终得到建筑产品的政府部门、企事业单位或个人。业主只有在发包工程或组织工程建设时才成为市场主体,因此,业主作为市场主体具有不确定性。

业主的种类有很多,包括学校、医院、工厂、房地产开发公司、个人和政府及政府委托的资产管理部门。在我国的工程建设中,常将业主称为建设单位、甲方或发包人,属于买方。

项目业主在项目建设中的主要职能如下:

①建设项目可行性研究与立项决策。

②建设项目的资金筹措与管理。

③办理建设项目的有关手续。

④建设项目的招标与合同管理。

⑤建设项目的施工与质量管理。

⑥建设项目的竣工验收和试运行。

⑦建设项目的统计与文档管理。

(2)承包商

承包商是指拥有一定数量的建筑装备、流动资金、人员,取得建设行业相应资质证书和营业执照的,能够按照业主要求提供不同形态的建筑产品并最终得到相应工程价款的建筑企业。

承包商从事建设生产,一般需要具备3个方面的条件:

①拥有符合国家规定的注册资本。

②拥有与其等级相适应且具有注册执业资格的专业技术人员和管理人员。

③具有从事相应建筑活动所需的技术培训装备。

经资格审查合格，取得资质证书和营业执照的承包商，才允许在批准的范围内承包工程。承包商的实力由经济、技术、管理、信誉4方面共同决定。通常在市场经济条件下，只有具备了上述4个方面的实力，施工企业才能够在市场竞争中脱颖而出，取得施工项目。

(3)工程咨询服务机构

工程咨询服务机构(国际上称咨询公司)是指具有一定注册资金，一定数量的工程技术、经济、管理人员，取得建设咨询资质和营业执照，能为工程建设提供估算测量、管理咨询、建设监理等智力型服务并获取相应报酬的企业，如工程设计院、工程监理公司、工程造价事务所等。

工程咨询服务内容包括勘察设计、工程造价(测量)、工程管理、招标代理、工程监理等。

2)建筑市场的客体

建筑市场的客体一般称为建筑产品，是建筑市场的交易对象，既包括有形建筑产品，也包括无形建筑产品。建筑产品的种类包括各类建筑物和构筑物、混凝土构件、商品混凝土供应站、设计方案、施工图纸、勘察报告、咨询报告和咨询意见或其他服务等。

4.建设工程交易中心

建设工程交易中心是为建设工程招标投标活动提供服务的自负盈亏的事业性单位，而非政府机构。政府有关部门及其管理机构可以在建设工程交易中心设立服务窗口，并对建设工程招标投标活动依法实施监督。

1)建设工程交易中心的性质与作用

建设工程交易中心的性质是服务性机构，需得到政府或政府授权主管部门的批准才能成立，且要集中设立，不以营利为目的，不具备监督管理职能。

建设工程交易中心具有促进工程招投标制度的推行、规范建设工程承发包行为、将建筑市场纳入法制管理范围的作用。

2)建设工程交易中心的基本功能

①信息服务功能：主要体现在收集、存储和发布各类信息，如工程招标、建材价格、工程造价等。

②场所服务功能：主要体现在为建设工程的招标、评标、定标、合同谈判等提供设施和场所，如信息发布大厅、洽谈室、开标室、会议室及相关设施。

③集中办公功能：主要体现在工程报建、招标登记、承包商资质审查、合同登记、质量报监、施工许可证发放等。

④专家管理功能：主要体现在提供评标专家成员名册等。

评价与反思

完成“典型工作环节1　认识建筑市场”的学习表现评价和反思表。

<table>
<tr><td rowspan="2">典型工作环节名称</td><td rowspan="2">具体任务</td><td colspan="4">学习表现评价
（自评×30%＋互评×30%＋教师评价×40%）</td><td colspan="2">学习表现反思</td></tr>
<tr><td>自评得分</td><td>互评得分</td><td>教师评价得分</td><td>小计得分</td><td>学生反思</td><td>教师点评</td></tr>
<tr><td rowspan="3">典型工作环节1　认识建筑市场</td><td>描述建筑市场的特点(35分)</td><td></td><td></td><td></td><td></td><td></td><td></td></tr>
<tr><td>梳理建筑市场的主体和客体(35分)</td><td></td><td></td><td></td><td></td><td></td><td></td></tr>
<tr><td>列举建设工程交易中心的主要职能(30分)</td><td></td><td></td><td></td><td></td><td></td><td></td></tr>
<tr><td colspan="2">签字</td><td colspan="3">自评人签字：</td><td colspan="2">互评人签字：</td><td>教师签字：</td></tr>
<tr><td colspan="5">最终得分</td><td colspan="3"></td></tr>
<tr><td colspan="5">累计得分</td><td colspan="3"></td></tr>
<tr><td colspan="5">对自己未来学习表现有何期待</td><td colspan="3"></td></tr>
</table>

巩固训练

1. 选择题

(1)建筑市场主要包括(　　)。(单选)

A. 建设工程交易中心　B. 主体和客体　C. 政府部门　D. 社会职能部门

(2)下列选项中不属于建筑市场特点的是(　　)。(单选)

A. 交易对象的单件性　B. 生产活动与交易活动的统一性

C. 交易总量的不变性　D. 交易活动的不可逆转性

(3)建设工程交易中心是(　　)。(单选)

A. 政府机构　B. 事业性单位

C. 政府管理机构　D. 监督机构

(4)下列选项中，不属于建筑市场主体的是(　　)。(单选)

A. 业主　B. 承包商　C. 建筑物　D. 工程服务机构

(5)下列选项中，不可以成为业主的是(　　)。(单选)

A. 监理单位　B. 政府　C. 学校　D. 房地产开发公司

(6)建筑市场的竞争主要表现为(　　)。(多选)

A. 价格竞争　B. 质量竞争　C. 工期竞争　D. 进度竞争

E. 企业信誉竞争

(7)承包商从事建设生产,需要具备的条件有(　　)。(多选)

A. 拥有符合国家规定的注册资本

B. 拥有一定数量的竣工工程

C. 拥有与其等级相适应且具有注册执业资格的专业技术人员和管理人员

D. 拥有从事相应建筑活动所需的技术培训装备

(8)建设工程交易中心的基本功能有(　　)。(多选)

A. 信息服务功能　　B. 场所服务功能

C. 集中办公功能　　D. 专家管理功能

(9)工程咨询服务机构的服务内容包括(　　)。(多选)

A. 勘察设计　　B. 工程造价　　C. 工程施工　　D. 招标代理

(10)下列选项中,属于业主职能的是(　　)。(多选)

A. 建设项目可行性研究与立项决策　　B. 建设项目的资金筹措与管理

C. 办理建设项目的有关手续　　D. 建设项目的投标管理

E. 建设项目的施工监理

2. 论述题

某施工单位与某学校签订一教学楼施工合同,明确施工单位要保质、保量、保工期地完成教学楼施工任务。工程竣工后,承包方向学校提交了竣工报告。学校为了不影响学生上课,还没组织验收就直接投入使用。使用过程中,校方发现教学楼存在质量问题,要求施工单位修理。施工单位认为工程未经验收,学校提前使用导致出现质量问题,施工单位不应承担责任。

问题:

(1)该案例中的建筑市场主体和客体分别是什么?

(2)应如何具体地分析该工程质量问题的责任及责任的承担方式,为什么?

典型工作环节 2　注册招标企业

招标企业注册

具体任务

任务 1:组建招标团队,完成表 1.2。

表 1.2　招标团队人员

<table>
<tr><td>班级</td><td></td><td>组号</td><td></td><td>指导教师</td><td></td></tr>
<tr><td rowspan="5">组员</td><td>角色</td><td colspan="2">姓名</td><td colspan="2">学号</td></tr>
<tr><td>项目经理</td><td colspan="2"></td><td colspan="2"></td></tr>
<tr><td>市场经理</td><td colspan="2"></td><td colspan="2"></td></tr>
<tr><td>商务经理</td><td colspan="2"></td><td colspan="2"></td></tr>
<tr><td>技术经理</td><td colspan="2"></td><td colspan="2"></td></tr>
</table>

①每个团队组建一个招标人公司(或招标代理公司),确定公司名称及法定代表人。

②完善招标人公司(或招标代理公司)企业证件资料信息,主要包括营业执照(图 1.1)、开户许可证(图 1.2)、组织机构代码证(图 1.3)、企业资质证书(图 1.4)。

图 1.1　营业执照图例

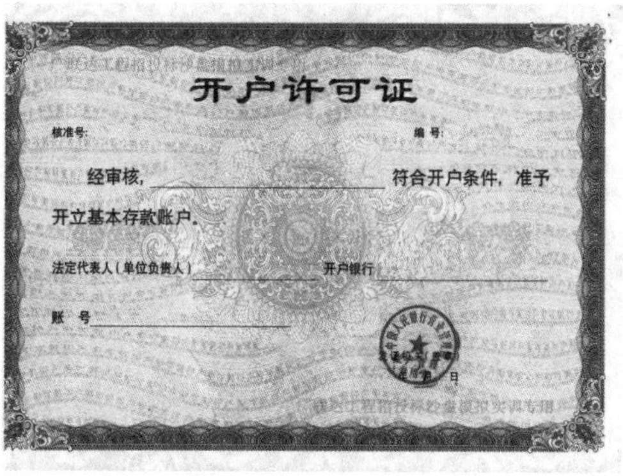

图 1.2　开户许可证图例

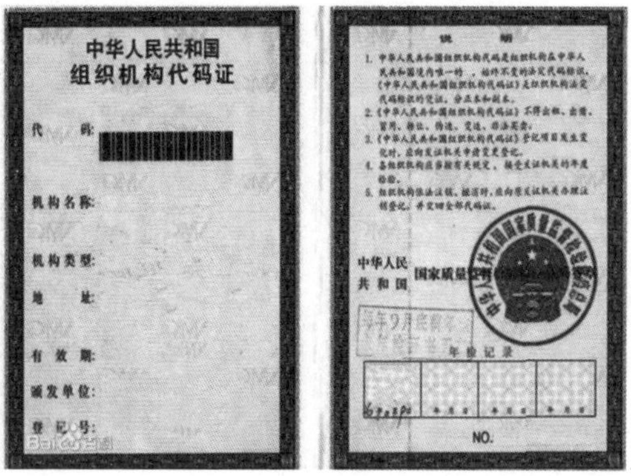

图 1.3　组织机构代码证图例

图 1.4　企业资质证书图例

任务 2:获取企业证书和人员资格证书等资料。

通过广联达 BIM 招投标沙盘执行评测系统 V3.0(竞赛版)内置资料库,获取企业备案注册阶段所需的企业证件、人员资格证书等资料,如图 1.5 所示。下载所需的资料后,可通过 Photoshop、美图等图片编辑工具,模拟完善企业信息,并生成公司完整的证件资料,如图 1.5 所示。

任务 3:完成企业注册。

招标人(招标代理)登录“广联达工程交易管理服务平台”(图 1.6),注册招标人(招标代理)账号。

选择建设单位或招标代理进行企业注册,如图 1.7、图 1.8 所示。

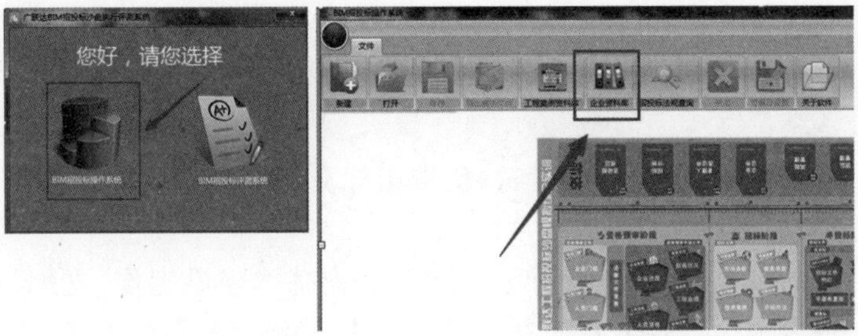

图1.5　通过广联达BIM招投标沙盘执行评测系统软件获取企业资料

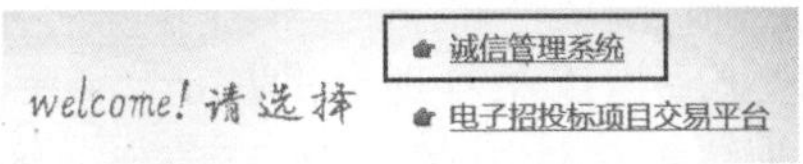

图1.6　登录“广联达工程交易管理服务平台”

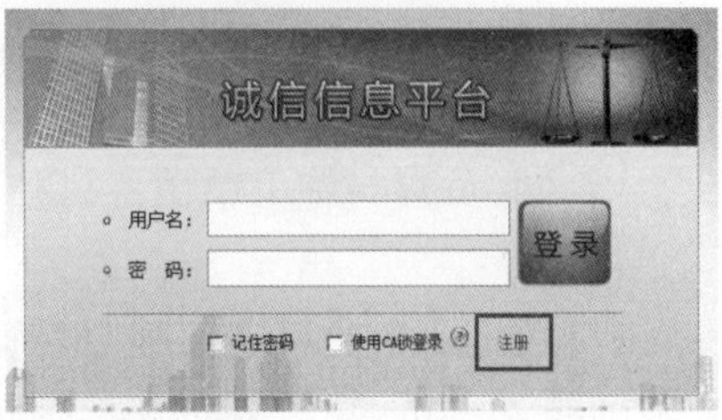

图1.7　通过“诚信信息平台”选择注册企业

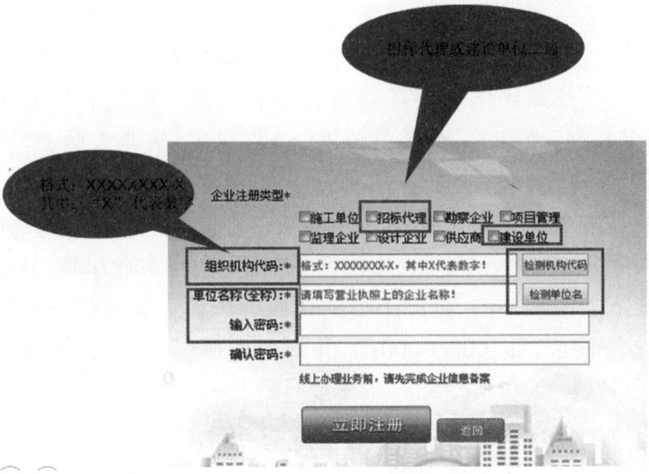

图1.8　选择招标代理或建设单位，注册企业信息

学习资料

1.招标人岗位

1)项目经理

负责组织协调项目组成员完成招标策划、资格预审文件编制、招标文件编制；负责资格预审办法、评标办法的制定；负责招标业务流程的各类审批、汇总工作。

2)市场经理

负责资格预审文件中企业条件的设置；负责招标文件中市场条款的制定、资格标准的设置；负责组织资格审查、现场踏勘、投标预备会和开标评标会；负责其他招标业务流程的实施。

3)商务经理

负责资格预审文件中经营状况门槛的设置;负责招标文件中商务条款的制定、工程量清单编制、经济标评分标准的制定。

4)技术经理

负责资格预审文件中人员门槛的设置;负责招标文件中技术条款的制定。

2. 招标企业注册

建设单位是指执行国家基本建设计划,组织、督促基本建设工作,支配、使用基本建设投资的基层单位,一般表现为行政上有独立的组织形式,经济上实行独立核算,编有独立的总体设计和基本建设计划,是基本建设法律关系的主体。其权利和义务是执行国家有关基本建设的方针、政策和各项规定;编制并组织实施基本建设计划和基本建设财务计划;组织基本建设材料,设备的采购、供应;履行进行基本建设工作的一切法律手续;负责与勘察设计单位签订勘察设计合同,负责与施工单位签订建筑安装合同;及时验收竣工工程、办理工程结算和财务决算。

我国对建筑业企业资质实施监督管理。建筑业企业应当按照其拥有的注册资本、专业技术人员、技术装备和已完成的建筑工程业绩等条件申请资质,经审查合格,取得建筑业企业资质证书后,方可在资质许可的范围内从事建筑施工活动。

相关文件

营业执照是工商行政管理机关发给工商企业、个体经营者的准许从事某项生产经营活动的凭证。其格式由国家市场监督管理总局统一规定。营业执照登记事项为名称、地址、负责人、资金数额、经济成分、经营范围、经营方式、从业人数、经营期限等。营业执照分正本和副本,二者具有相同的法律效力。

组织机构代码证是各类组织机构在社会经济活动中的通行证。组织机构代码(简称“代码”)是为中华人民共和国境内依法注册、依法登记的机关、企事业单位、社会团体和民办非企业单位颁发的在全国范围内唯一的、始终不变的代码标识。组织机构代码由 8 位本体代码、1 位校验码和一个连字符构成,如:00000000-0,并附以条形码,以便机器识读。代码具有唯一性、完整性、统一性、准确性、无含义性和终生不变性等特性。

开户许可证是由中国人民银行核发的一种开设基本账户的凭证。凡在中华人民共和国境内的金融机构开立基本存款账户的单位可凭此证办理其他金融往来业务。

评价与反思

完成“典型工作环节 2　注册招标企业”的学习表现评价和反思表。

典型工作环节名称	具体任务	学习表现评价（自评×30%+互评×30%+教师评价×40%）				学习表现反思	
		自评得分	互评得分	教师评价得分	小计得分	学生反思	教师点评
典型工作环节2　注册招标企业	营业执照内容完整且在工程有效期内(20分)						
	开户许可证内容完整且在工程有效期内(20分)						
	组织机构代码证内容完整且在工程有效期内(20分)						
	企业资质证书内容完整且在工程有效期内(20分)						
	诚信平台企业基本信息注册齐全(20分)						
签字		自评人签字：			互评人签字：		教师签字：
最终得分							
累计得分							
对自己未来学习表现有何期待							

巩固训练

1.选择题

(1)下列选项中,属于招标企业岗位的有(　　)。(多选)

A.项目经理　　B.市场经理　　C.商务经理　　D.技术经理

(2)下列选项中,不属于营业执照登记事项的是(　　)。(单选)

A.经营方式　　B.经营期限　　C.资金来源　　D.资金数额

(3)开户许可证由(　　)核准后核发。(单选)

A.中国银行　　B.国家开发银行

C.中国人民银行　　D.中国建设银行

2.拓展题

了解其他证件的相关资料,如法人资格证书、税务登记证书、企业信用等级证书等。

典型工作环节 3　注册投标企业

投标企业注册

具体任务

任务 1：组建投标团队，完成表 1.3。

表 1.3　投标团队人员

<table>
<tr><td>班级</td><td></td><td>组号</td><td></td><td>指导教师</td><td></td></tr>
<tr><td rowspan="5">组员</td><td colspan="2">角色</td><td colspan="2">姓名</td><td>学号</td></tr>
<tr><td colspan="2">项目经理</td><td colspan="2"></td><td></td></tr>
<tr><td colspan="2">市场经理</td><td colspan="2"></td><td></td></tr>
<tr><td colspan="2">商务经理</td><td colspan="2"></td><td></td></tr>
<tr><td colspan="2">技术经理</td><td colspan="2"></td><td></td></tr>
</table>

①每个团队组建一个投标人公司，确定公司的基本信息资料。

②完善投标人公司的各类企业证件资料。投标人公司的各类企业证件包括营业执照、组织机构代码证、开户许可证、企业资质证书、资信等级证书（图 1.9）、安全生产许可证（图 1.10）、质量管理体系认证证书（图 1.11）、环境管理体系认证证书、职业健康安全管理体系认证证书等（图 1.12）。

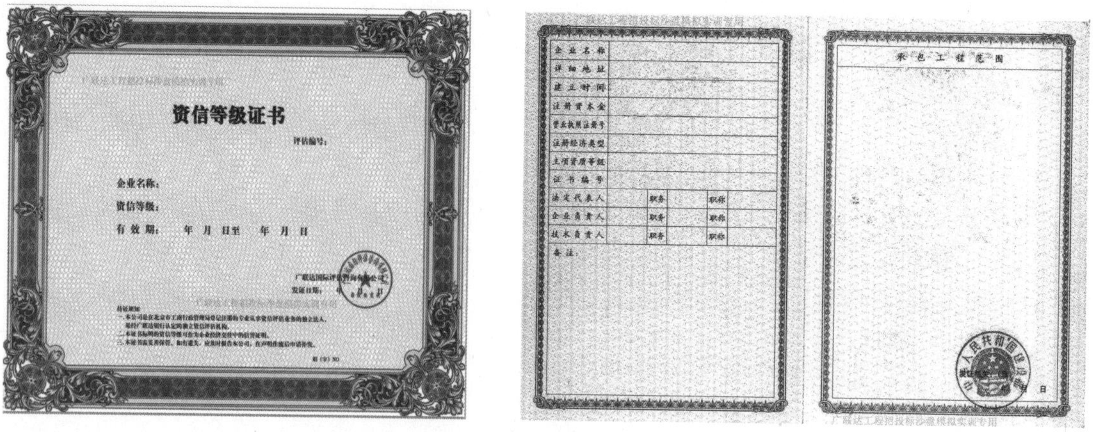

图 1.9　企业资信等级证书图例

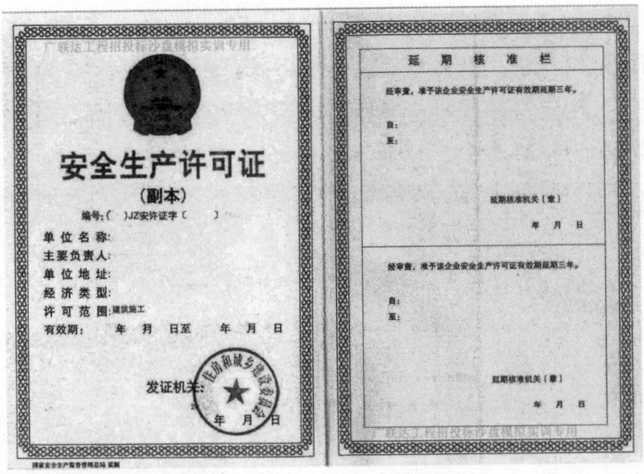

图 1.10　安全生产许可证图例

图 1.11　质量管理体系认证证书图例　　　图 1.12　职业健康安全管理体系认证证书图例

任务 2：注册投标企业。投标人登录“广联达工程交易管理服务平台”，注册投标人账号，选择施工单位进行企业注册，如图 1.13 所示。

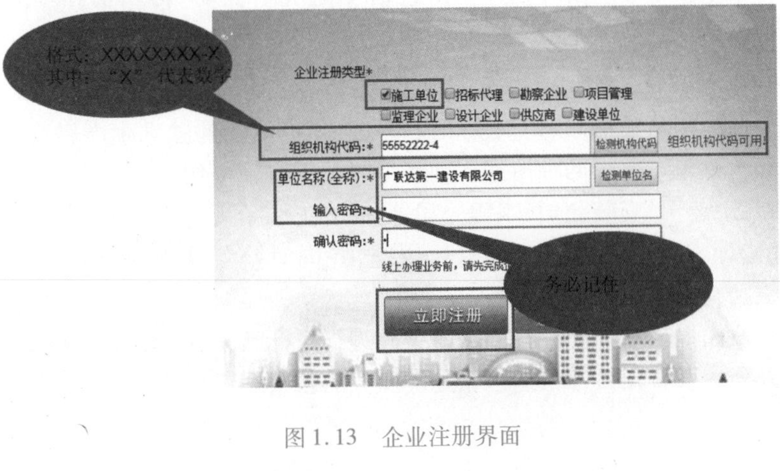

图 1.13　企业注册界面

任务 3：获取企业证书、人员资格证书等资料。

通过广联达 BIM 招投标沙盘执行评测系统 V3.0（竞赛版）内置资料库，获取企业备案注册阶段所需的企业证书、人员资格证书等资料。下载所需的资料后，可通过 Photoshop、美图等图片编辑工具，模拟完善企业信息，并生成公司完整的证件资料，如图 1.14 所示。

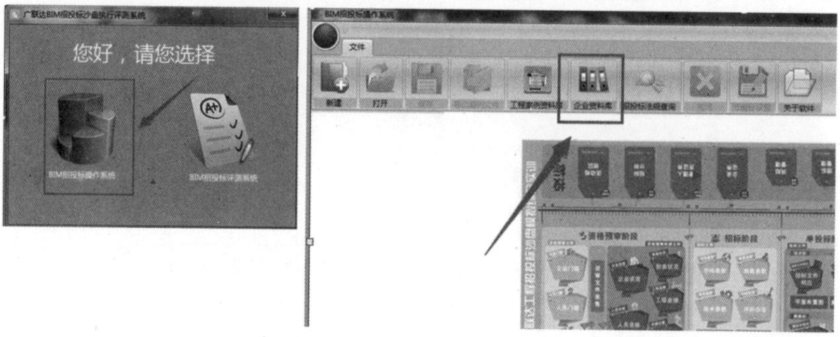

图 1.14　通过广联达 BIM 招投标沙盘执行评测系统软件获取投标企业资料

学习资料

1）投标人岗位

（1）项目经理

负责组织协调项目组成员完成资格预审申请文件编制、投标文件编制；负责中标后的合同谈判、签订；负责投标业务流程的各类审批、汇总工作。

（2）市场经理

负责资格预审申请文件中企业资质资料的准备；负责电子投标文件的编制；负责其他投标业务流程的实施。

（3）商务经理

负责资格预审申请文件中财务状况、工程业绩的资料准备；负责投标文件中经济标（商务标）的编制。

（4）技术经理

负责资格预审申请文件中人员资格、机械设备的资料准备；负责投标文件中技术标的编制。

2）投标企业信息

建筑施工企业是指从事房屋、构筑物和设备安装生产活动的独立生产经营单位。一般有建筑安装企业和自营施工单位两种形式。前者是行政上有独立组织，经济上实行独立核算的企业，大都称为建筑公司、安装公司、工程公司等；后者附属于现有生产企业、事业内部或行政单位，为建造和修理本单位固定资产而自行组织，并同时具备如下条件：①对内独立核算；②有固定的组织和施工队伍；③全年施工在半年以上。

建筑施工企业如果想在当地招投标交易中心进行投标活动，必须到当地建设行政主管部门招投标管理办公室或者相关部门进行企业资质等的备案。

评价与反思

完成“典型工作环节 3　注册投标企业”的学习表现评价和反思表。

<table>
<tr><td rowspan="2">典型工作环节名称</td><td rowspan="2">具体任务</td><td colspan="4">学习表现评价
（自评 ×30% + 互评 ×30% + 教师评价 ×40%）</td><td colspan="2">学习表现反思</td></tr>
<tr><td>自评得分</td><td>互评得分</td><td>教师评价得分</td><td>小计得分</td><td>学生反思</td><td>教师点评</td></tr>
<tr><td rowspan="10">典型工作环节 3　注册投标企业</td><td>营业执照内容完整且在工程有效期内（10 分）</td><td></td><td></td><td></td><td></td><td></td><td></td></tr>
<tr><td>开户许可证内容完整且在工程有效期内（10 分）</td><td></td><td></td><td></td><td></td><td></td><td></td></tr>
<tr><td>组织机构代码证内容完整且在工程有效期内（10 分）</td><td></td><td></td><td></td><td></td><td></td><td></td></tr>
<tr><td>安全生产许可证内容完整且在工程有效期内（10 分）</td><td></td><td></td><td></td><td></td><td></td><td></td></tr>
<tr><td>企业资质证书内容完整且在工程有效期内（10 分）</td><td></td><td></td><td></td><td></td><td></td><td></td></tr>
<tr><td>质量管理体系认证证书内容完整且在工程有效期内（10 分）</td><td></td><td></td><td></td><td></td><td></td><td></td></tr>
<tr><td>环境管理体系认证证书内容完整且在工程有效期内（10 分）</td><td></td><td></td><td></td><td></td><td></td><td></td></tr>
<tr><td>职业健康安全管理体系认证证书内容完整且在工程有效期内（10 分）</td><td></td><td></td><td></td><td></td><td></td><td></td></tr>
<tr><td>资信等级证书内容完整且在工程有效期内（10 分）</td><td></td><td></td><td></td><td></td><td></td><td></td></tr>
<tr><td>诚信平台企业基本信息齐全（10 分）</td><td></td><td></td><td></td><td></td><td></td><td></td></tr>
<tr><td colspan="2">签字</td><td colspan="3">自评人签字：</td><td colspan="2">互评人签字：</td><td>教师签字：</td></tr>
<tr><td colspan="5">最终得分</td><td colspan="3"></td></tr>
<tr><td colspan="5">累计得分</td><td colspan="3"></td></tr>
<tr><td colspan="5">对自己未来学习表现有何期待</td><td colspan="3"></td></tr>
</table>

巩固训练

1. 选择题

下列选项中,不属于投标企业项目经理职责的是(　　)。(单选)

A. 负责组织协调项目组成员完成资格预审申请文件编制、投标文件编制

B. 负责资格预审申请文件中财务状况、工程业绩的资料准备

C. 负责中标后的合同谈判、签订

D. 负责投标业务流程的各类审批、汇总工作

2. 拓展题

了解投标人的其他相关资料,如法人资格证书、税务登记证书、企业信用等级证书、企业项目经理资质等级证书、安全员证书、业绩获奖证书等。

典型工作环节 4　完成招投标企业信息备案

具体任务

任务:每个团队对注册后的招标代理公司、建筑施工企业进行企业信息备案(包括但不限于企业基本信息、企业资质、安全生产许可证、企业人员、企业业绩等信息备案)。

(1)完成招标企业备案

①每个团队只需完成“学生信息”“基本信息”“企业人员”“企业业绩”等信息备案,如图 1.15—图 1.24 所示。

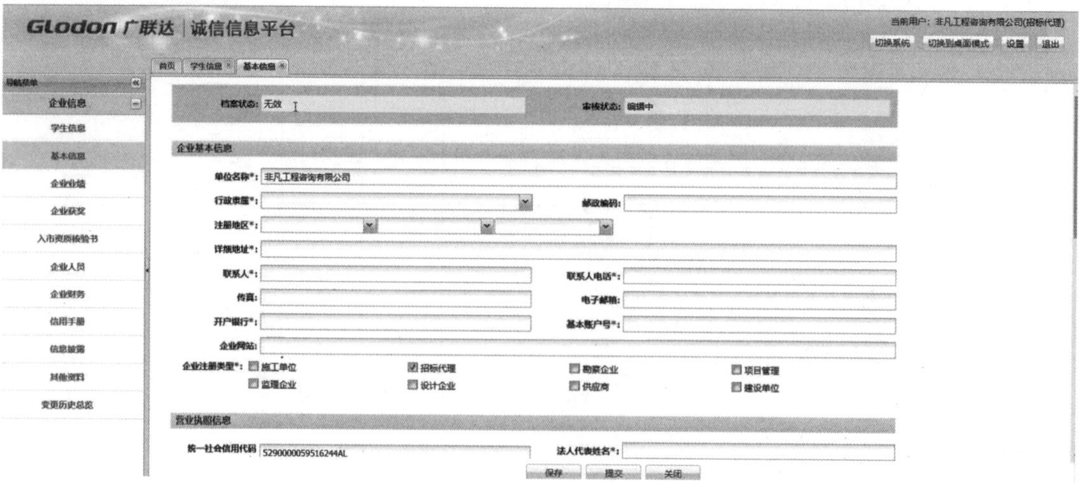

图 1.15　招标企业基本信息录入

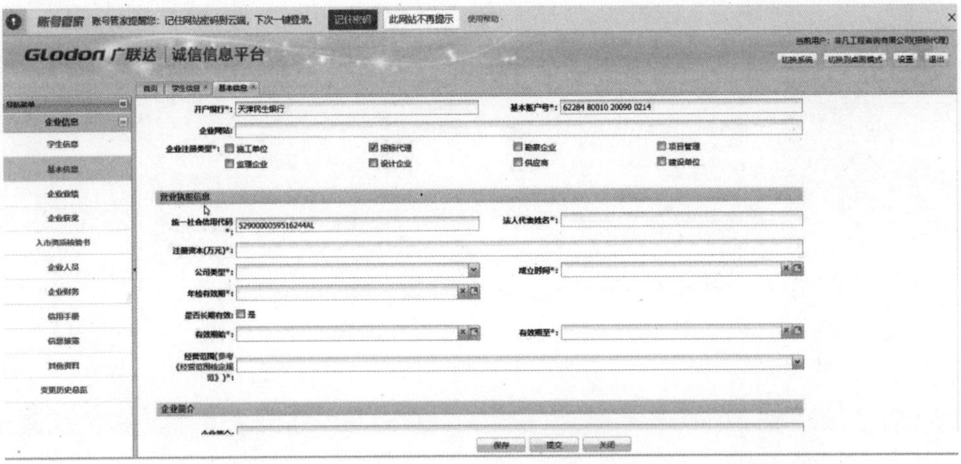

图1.16　招标企业营业执照信息填写

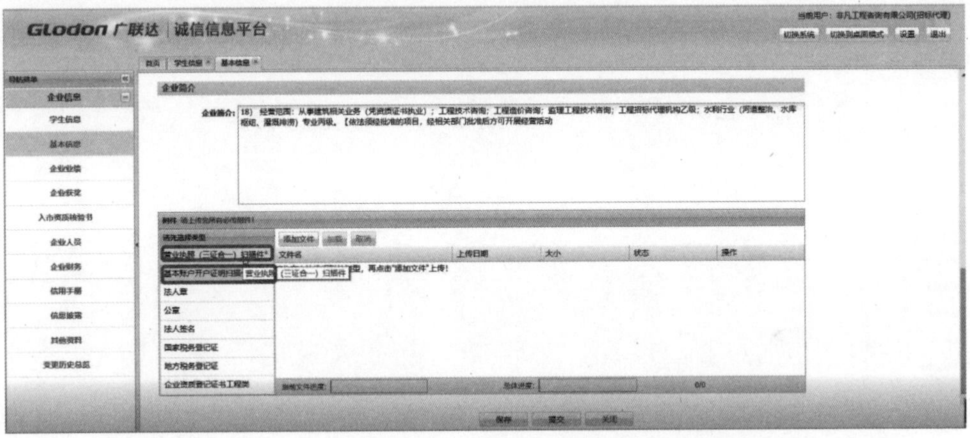

图1.17　招标企业营业执照附件上传

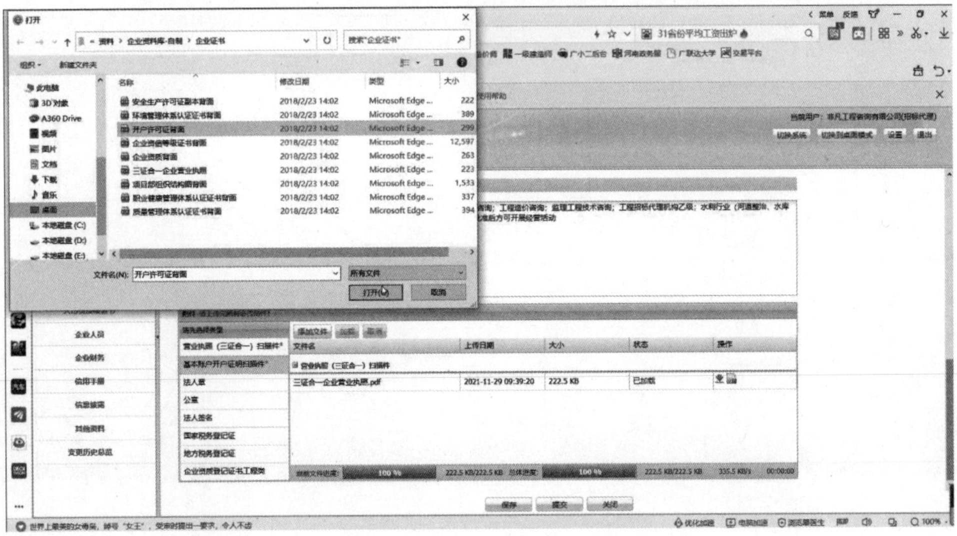

图1.18　招标企业营业执照等证件上传

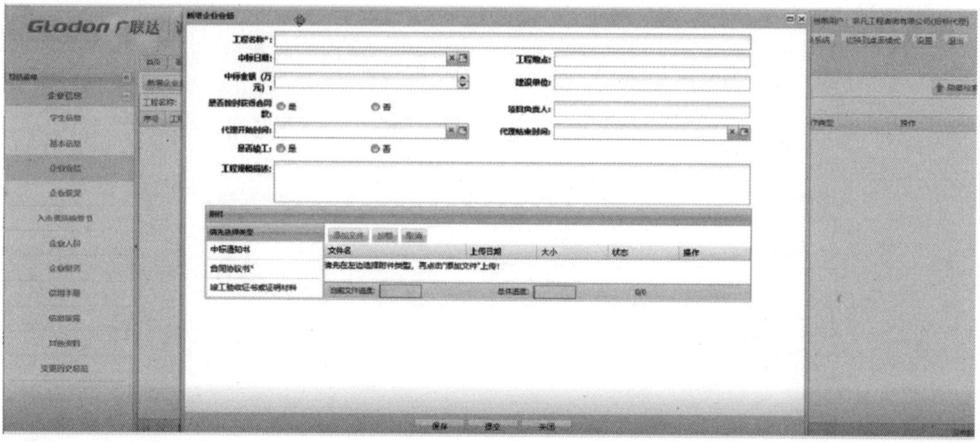

图 1.19　招标企业业绩信息备案

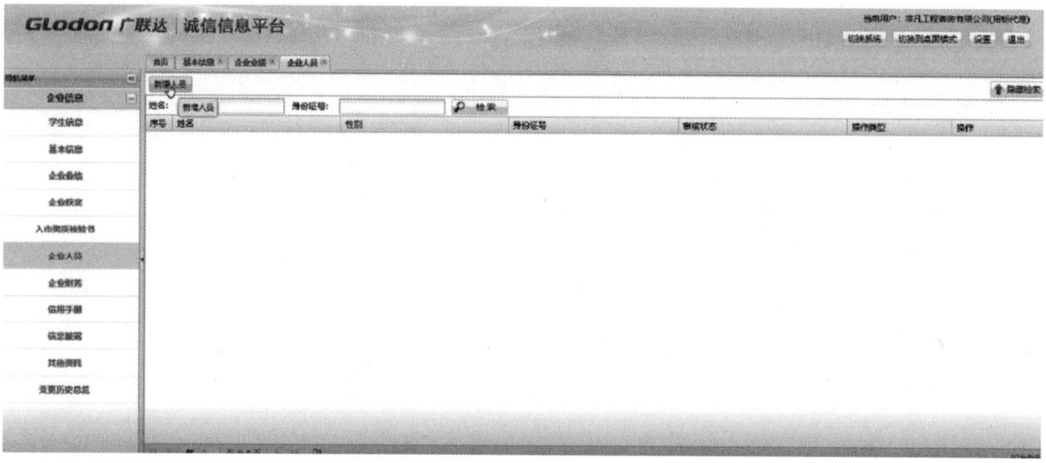

图 1.20　招标企业人员信息备案

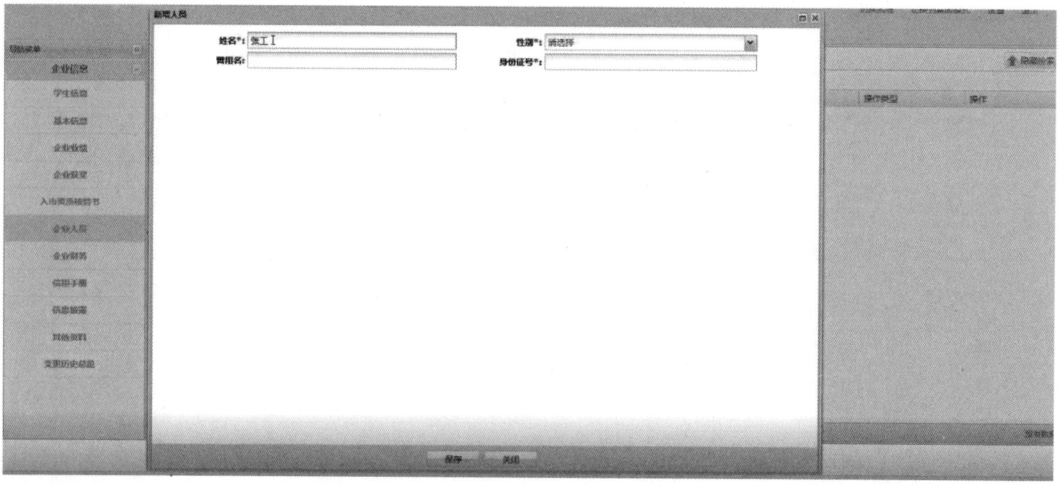

图 1.21　招标企业人员信息录入

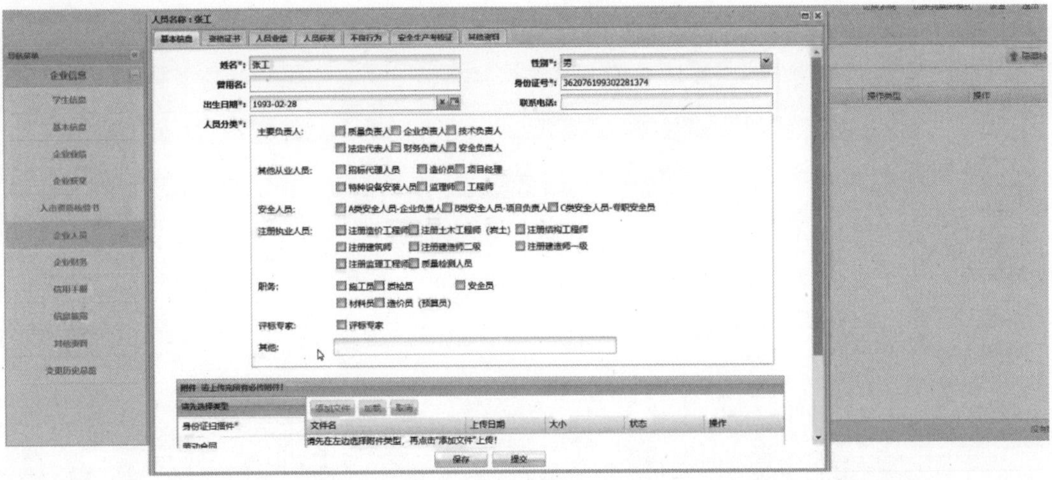

图1.22　招标企业人员信息录入完成页面

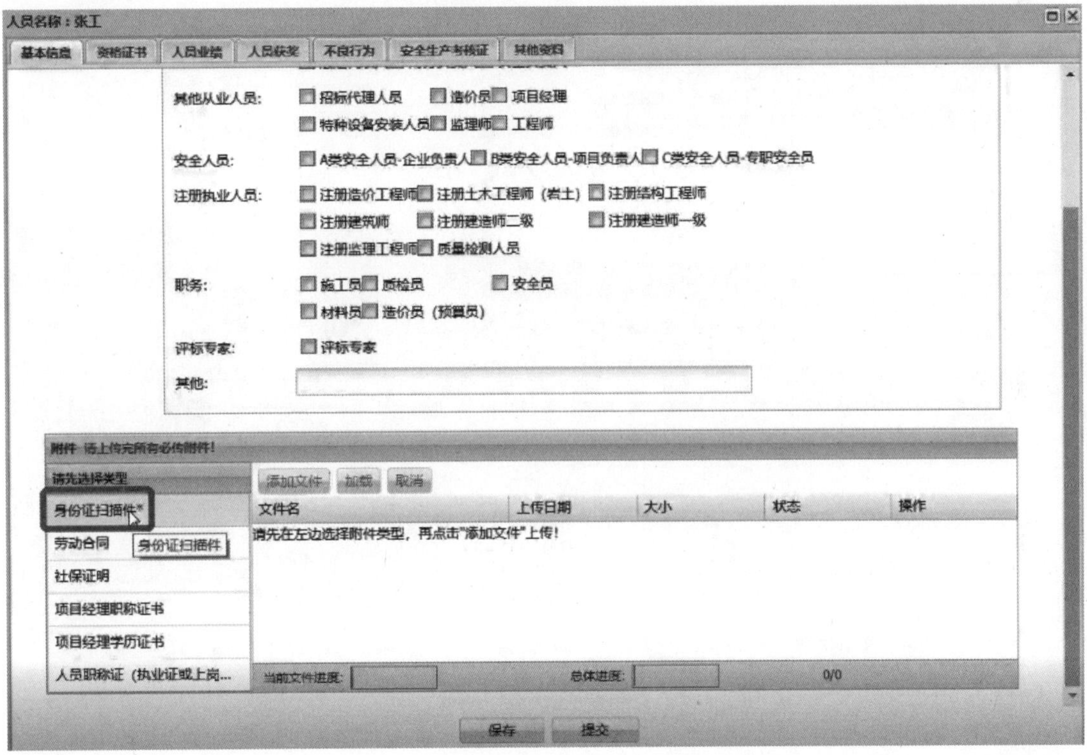

图1.23　招标企业人员信息身份证件上传

②招标人（招标代理）的每一项内容填写完成后，必须提交审核，只有经过初审监管员审核并通过，企业备案才算成功，相关内容如图1.25—图1.35所示。

③每个团队选出一人兼任审核人员，审核自己团队企业的信息。

企业审核

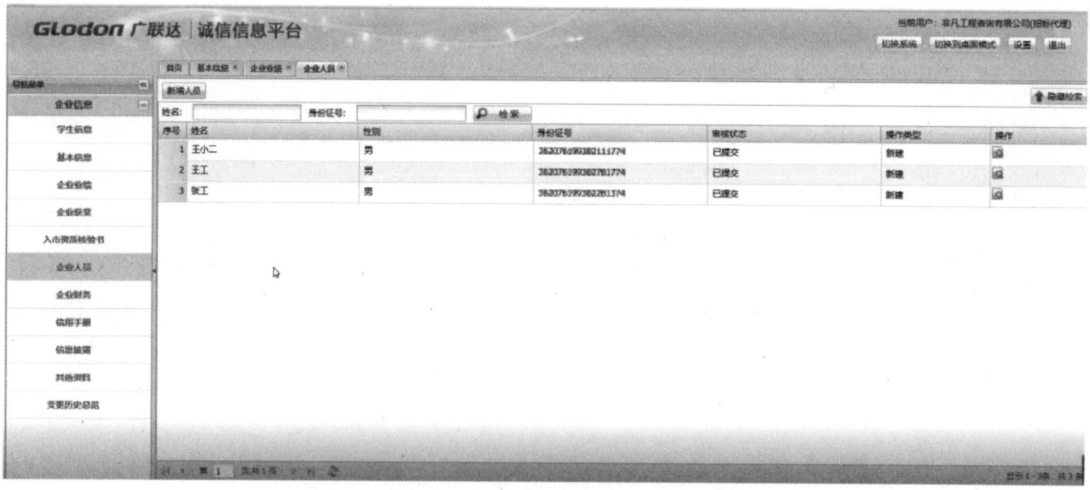

图 1.24　完成招标企业人员信息录入

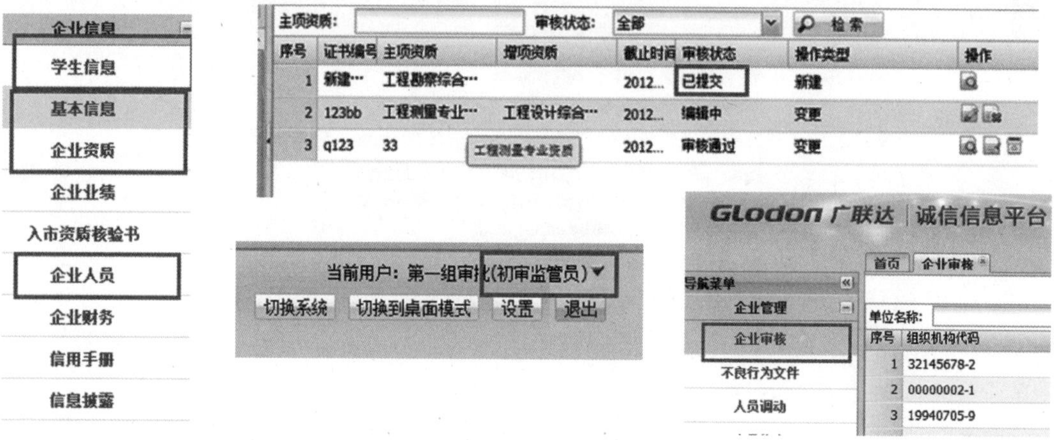

图 1.25　审核招标企业备案信息

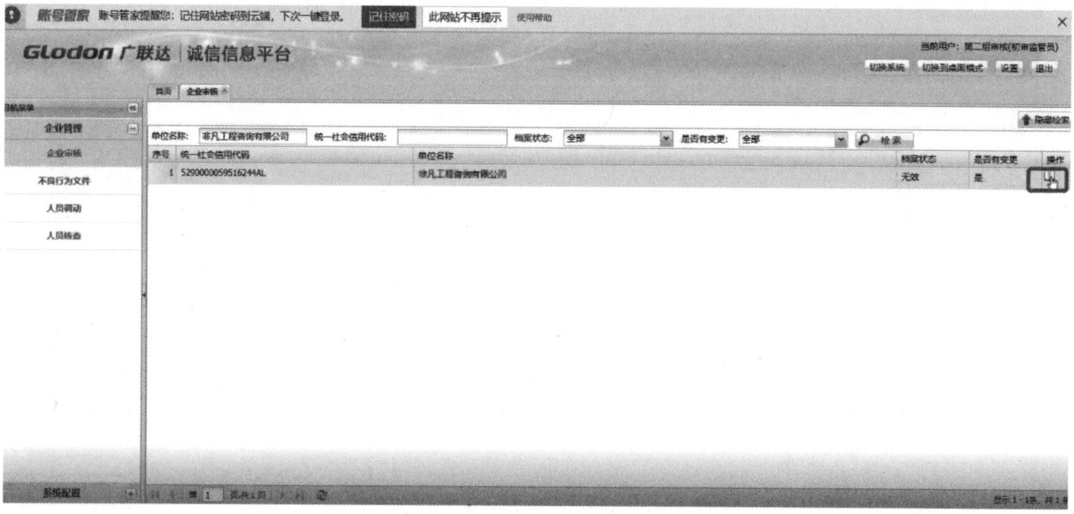

图 1.26　进行招标企业审核

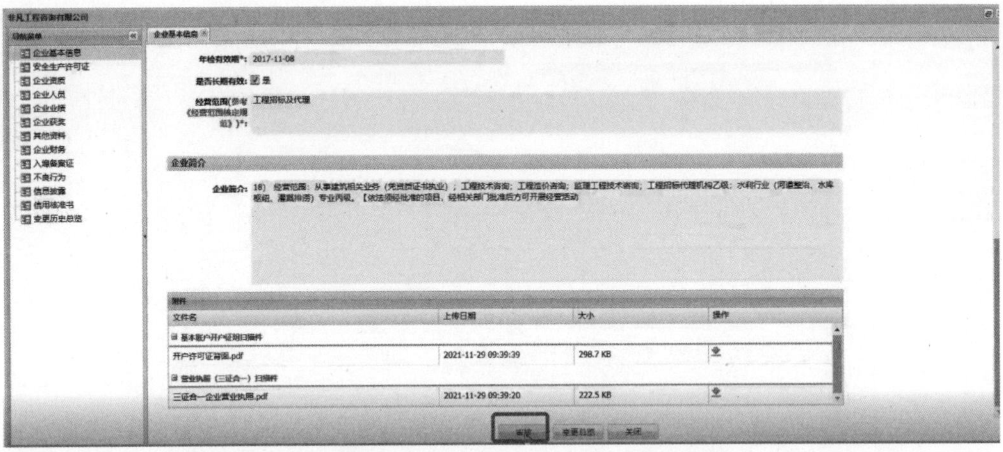

图1.27　单击"审核"进行招标企业审核

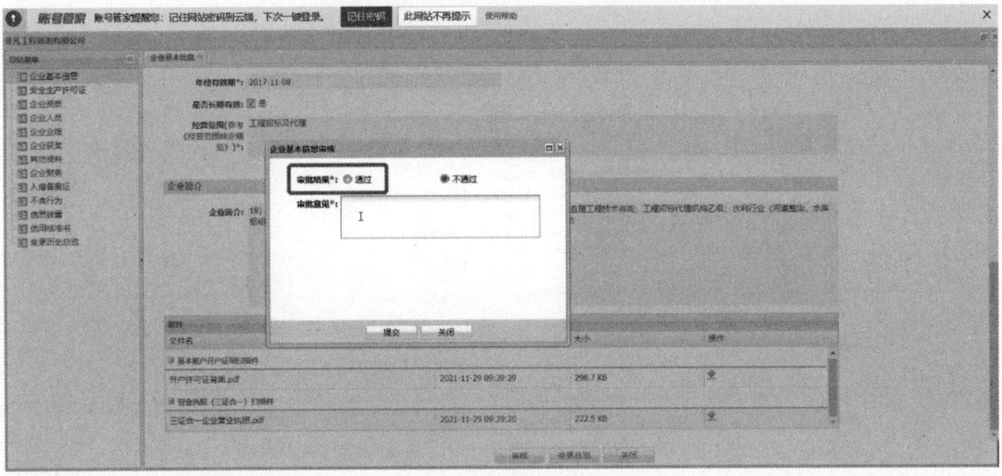

图1.28　通过招标企业审核结果

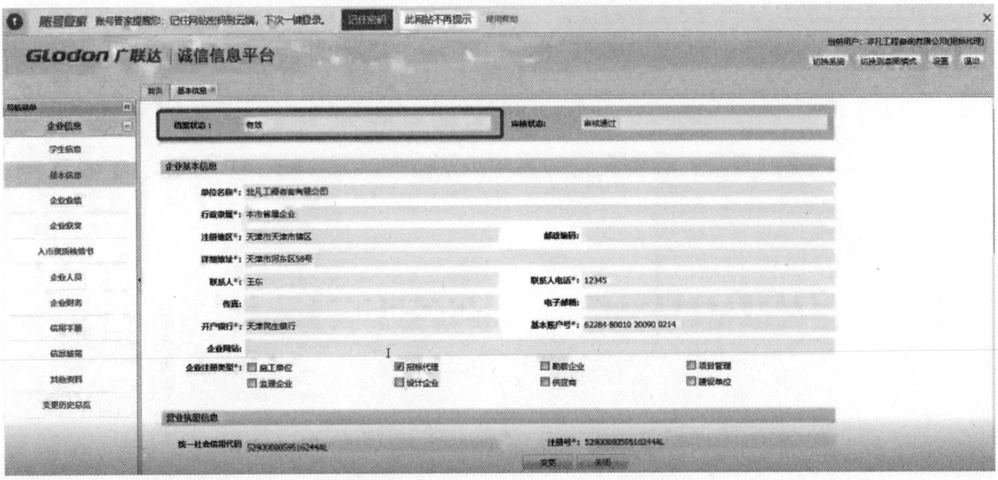

图1.29　审核后档案状态为有效

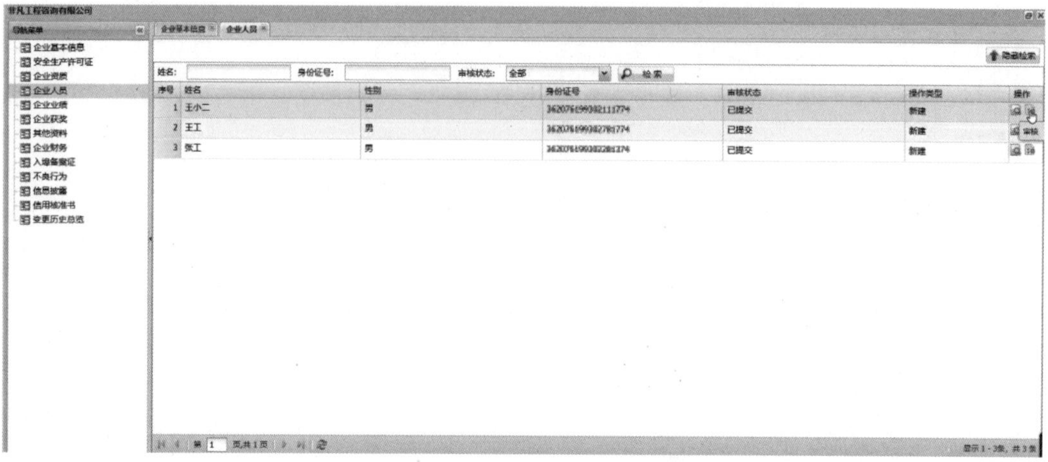

图 1.30　进行招标企业人员审核

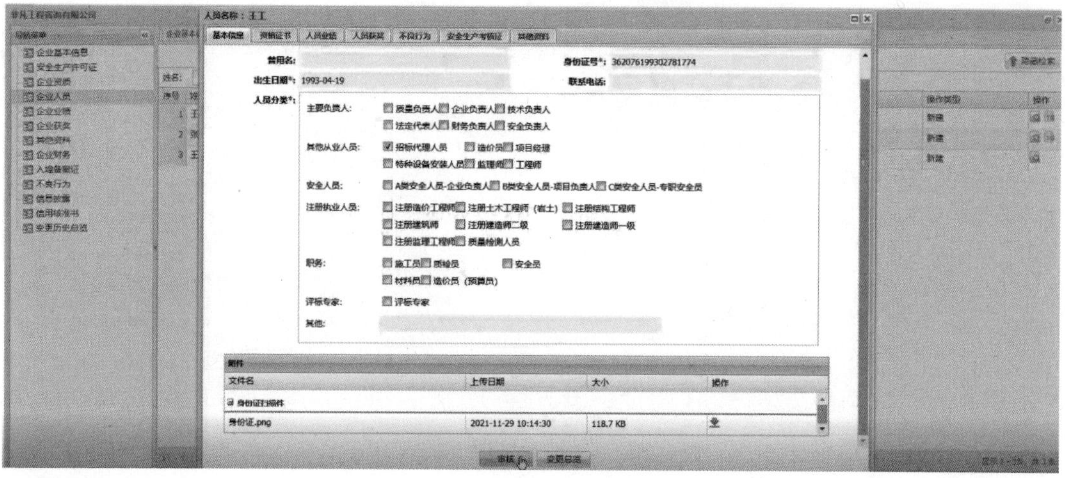

图 1.31　招标企业人员审核页面

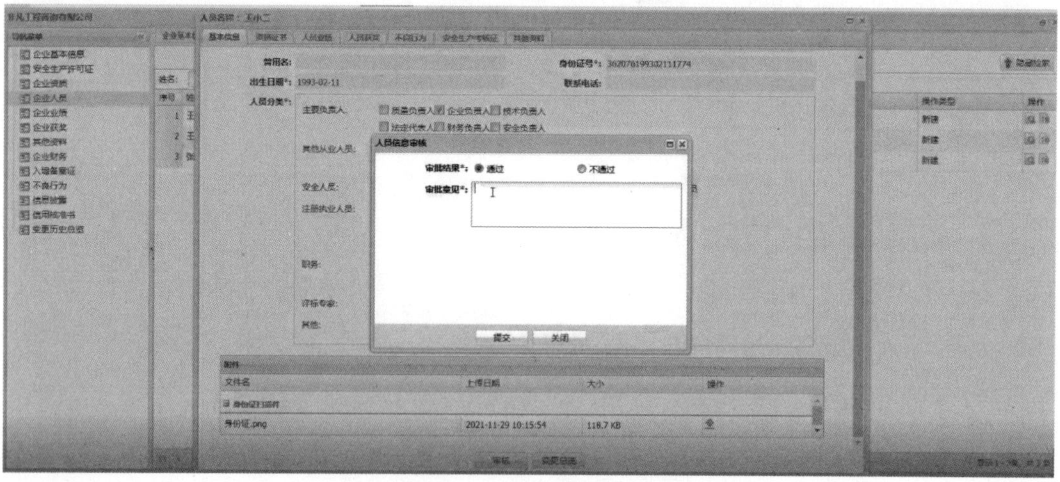

图 1.32　招标企业人员审核结果:通过

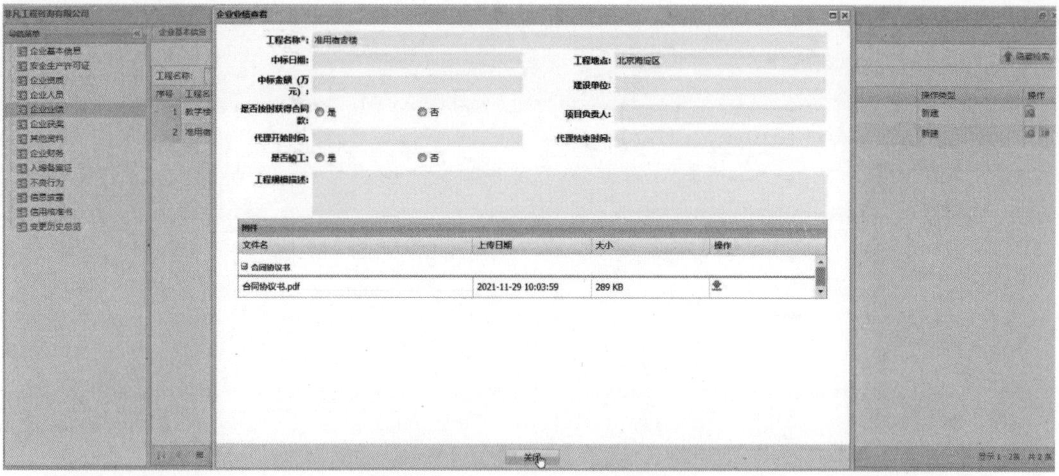

图 1.33　招标企业业绩审核页面

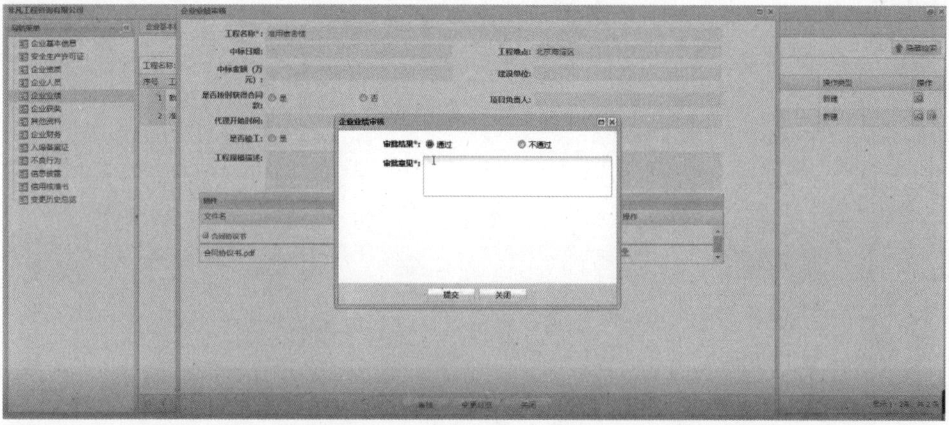

图 1.34　招标企业业绩审核结果：通过

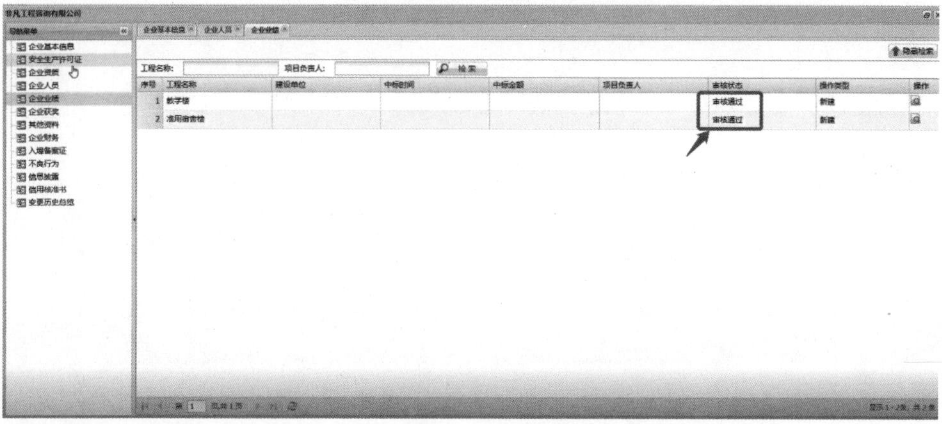

图 1.35　招标企业业绩通过审核

(2)完成投标企业信息备案

①每个团队只需完成“学生信息”“基本信息”“安全生产许可证”“企业资质”“企业人

员”“企业业绩”等信息备案，如图 1.36—图 1.46 所示。

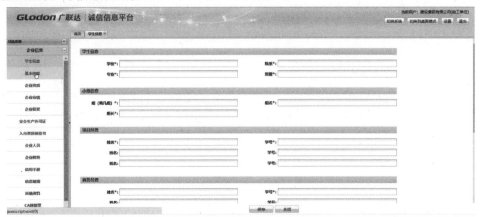

图 1.36　学生信息维护

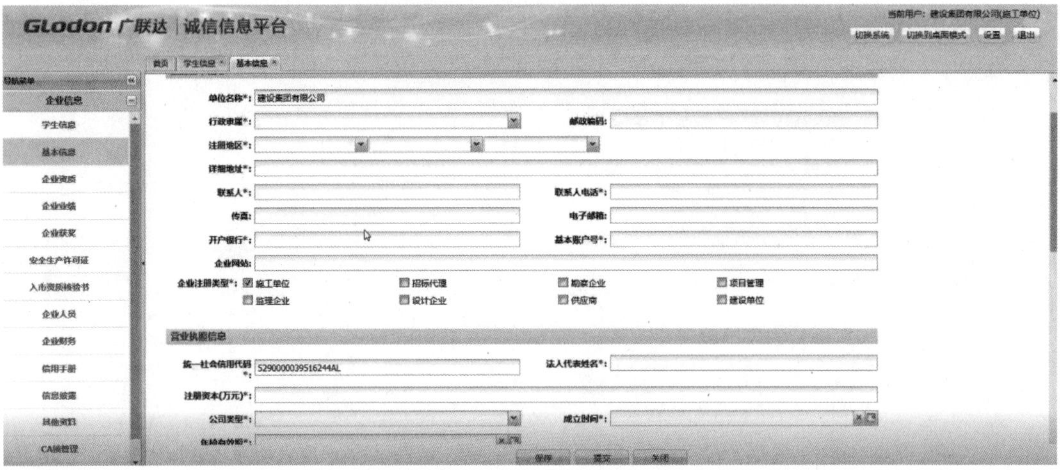

图 1.37　投标企业基本信息备案

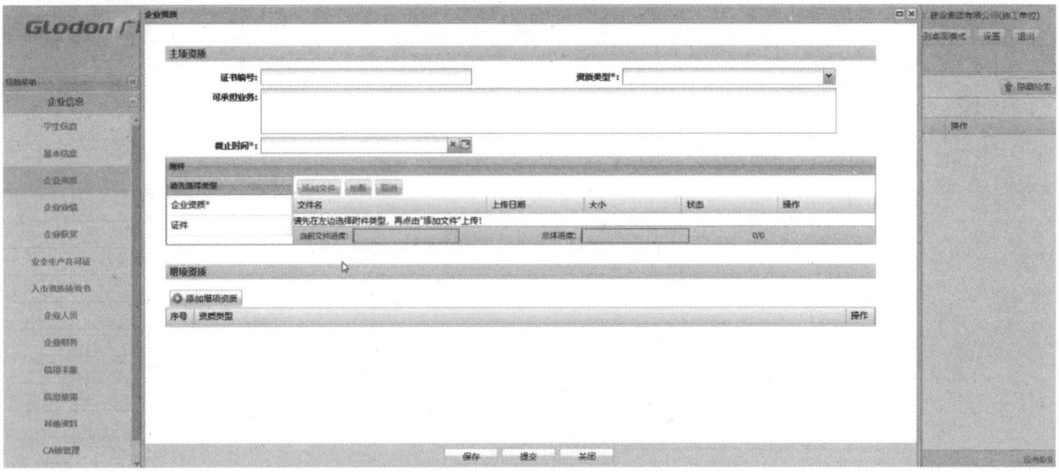

图 1.38　投标企业基本信息资质附件备案

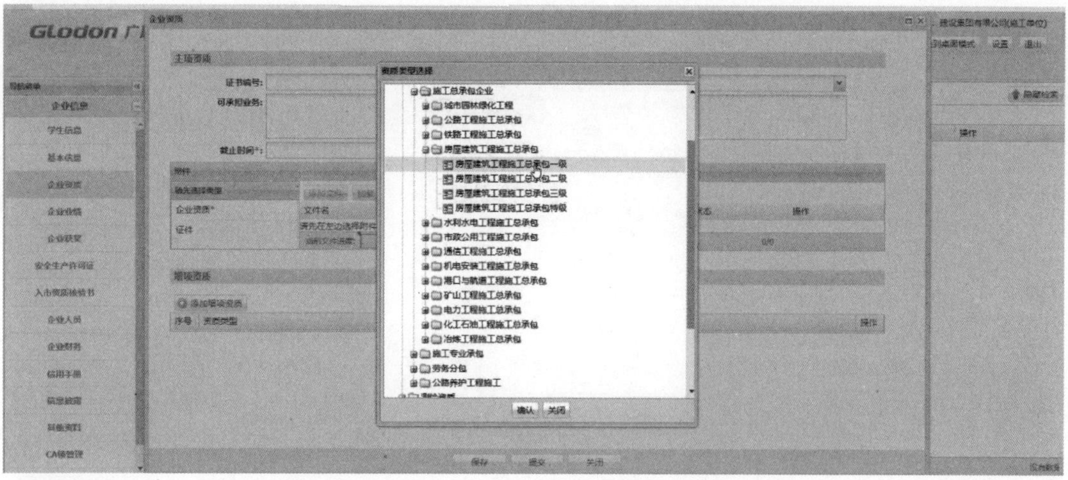

图1.39　投标企业资质信息备案

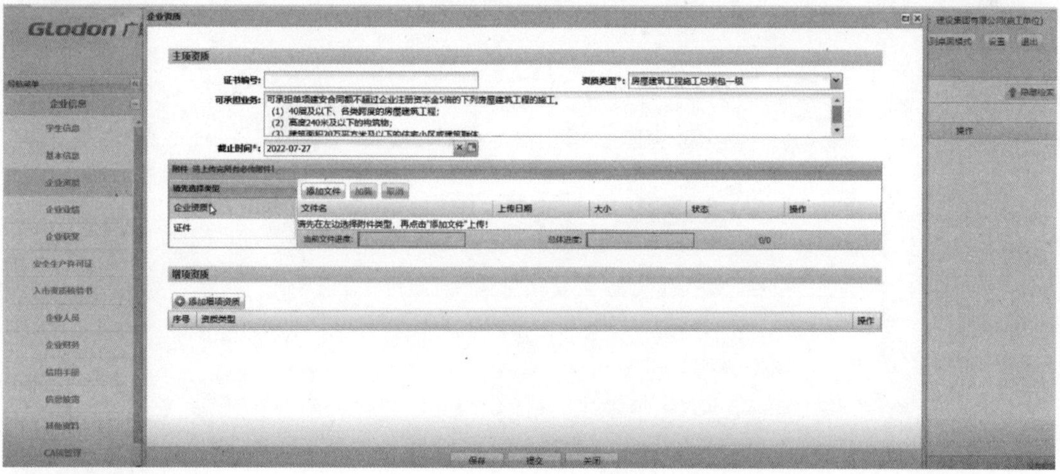

图1.40　投标企业资质证书上传

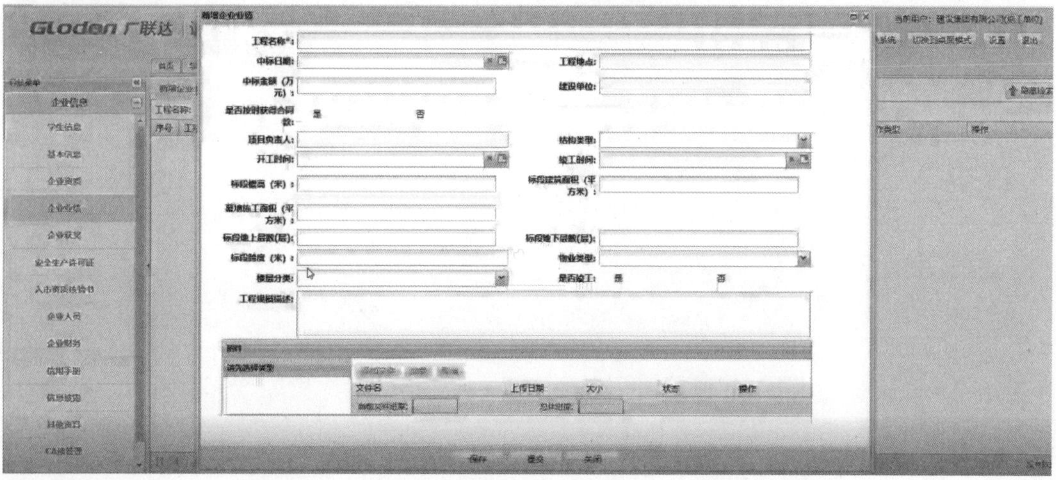

图1.41　投标企业业绩信息备案

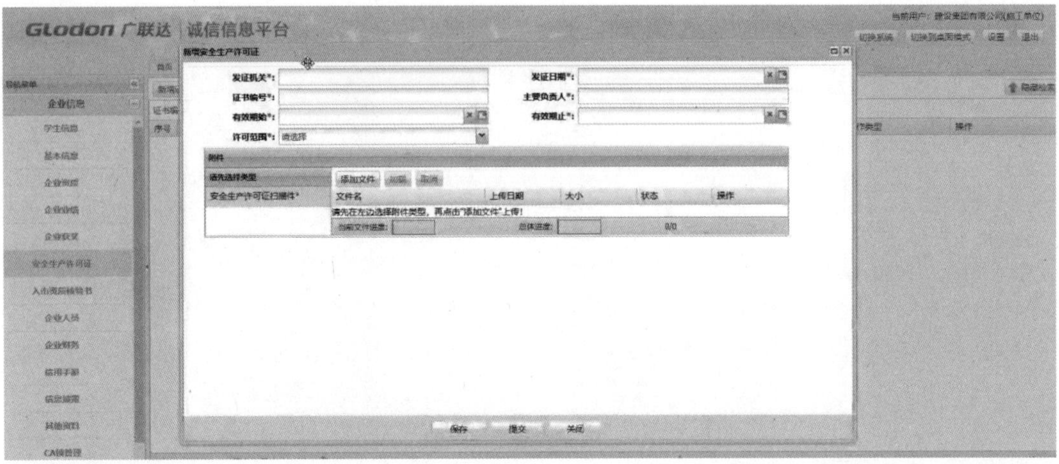

图 1.42　投标企业安全生产许可证备案

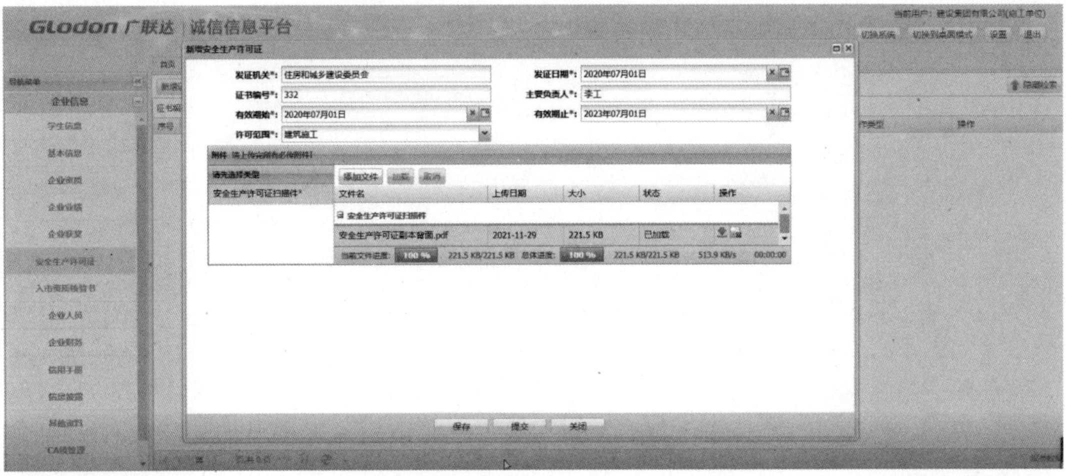

图 1.43　投标企业安全生产许可证上传

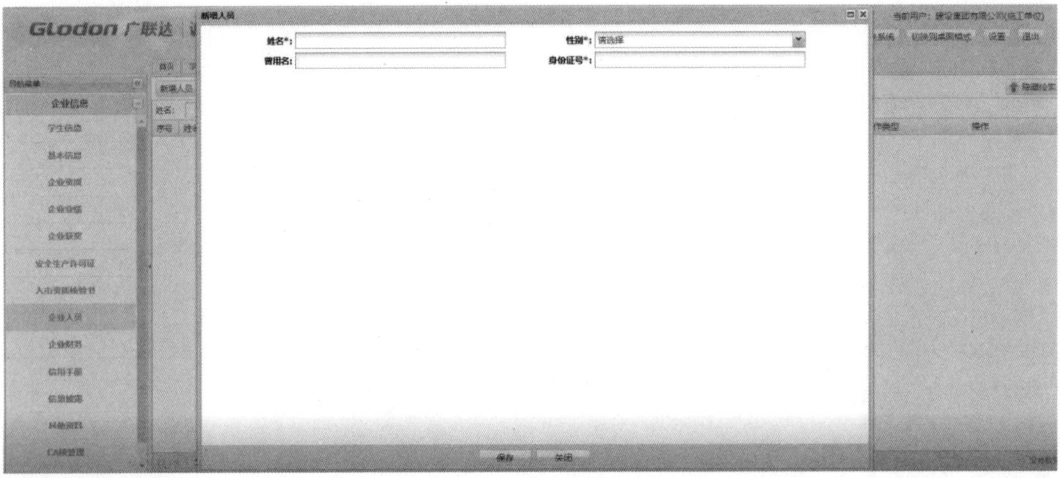

图 1.44　投标企业人员信息备案

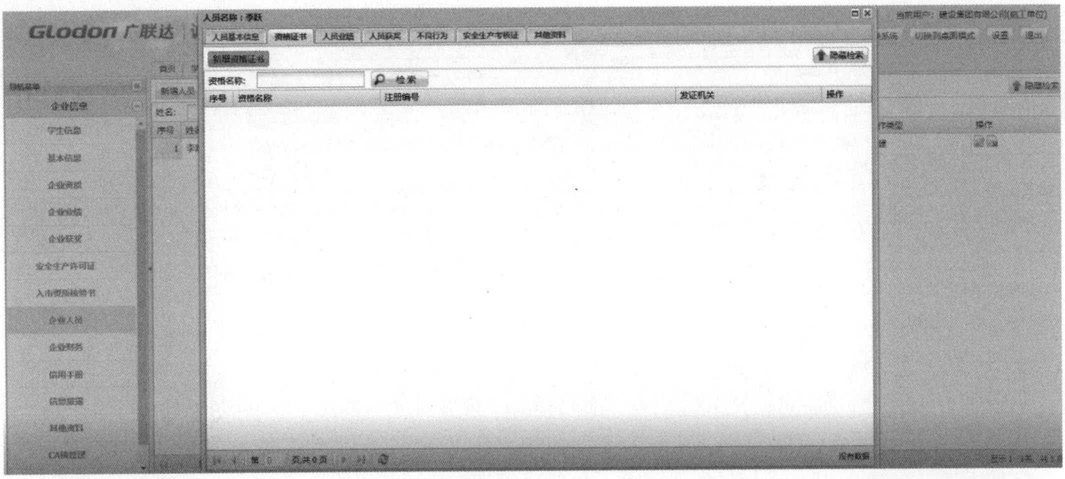

图1.45　添加投标企业人员资格证书

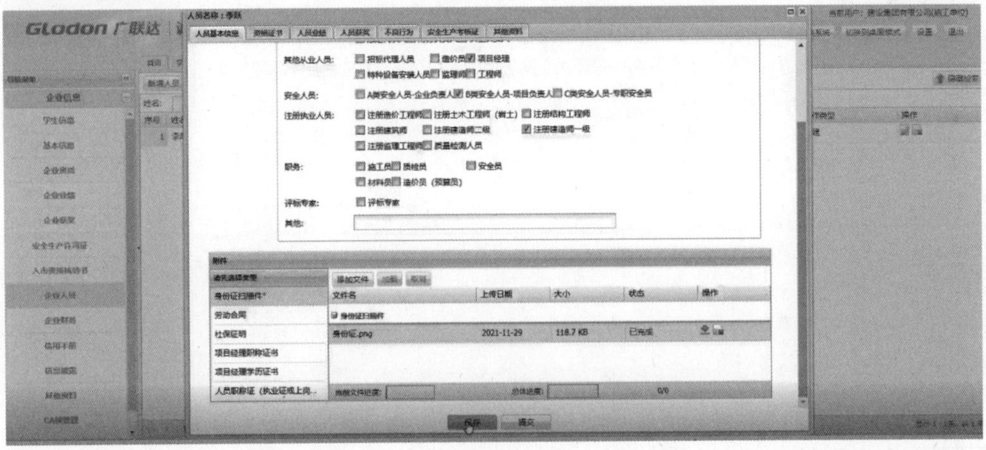

图1.46　上传投标企业人员身份证

②施工企业必须填写“安全生产许可证”信息并增加“建造师”内容(图1.47—图1.49)，否则在投标报名时无法进行下一步操作。

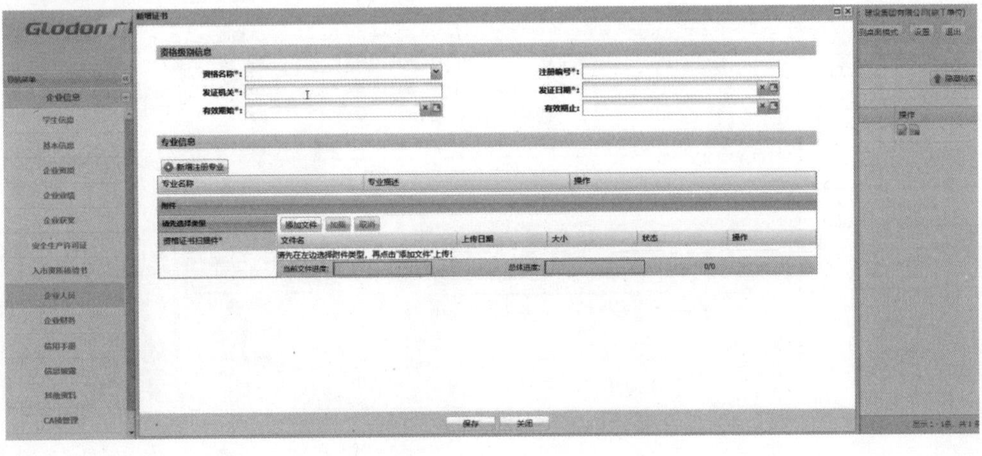

图1.47　投标企业人员职业资格备案

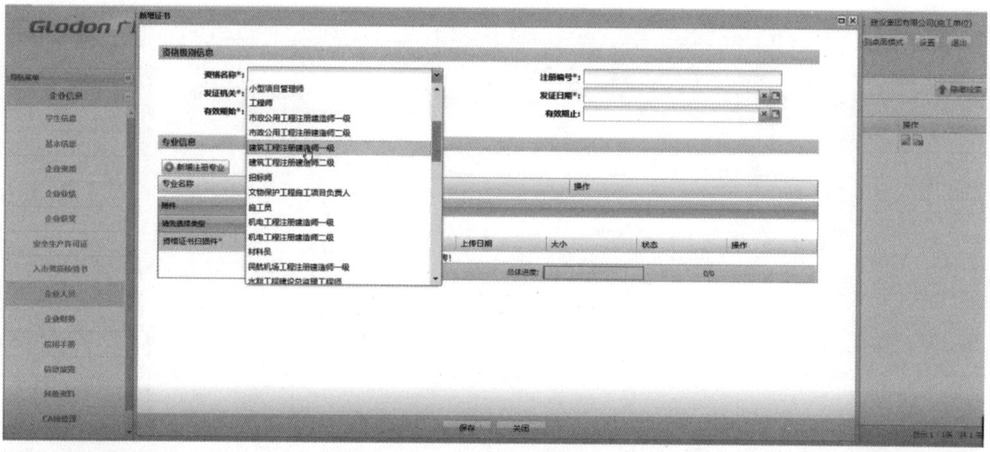

图 1.48　选择注册建造师备案

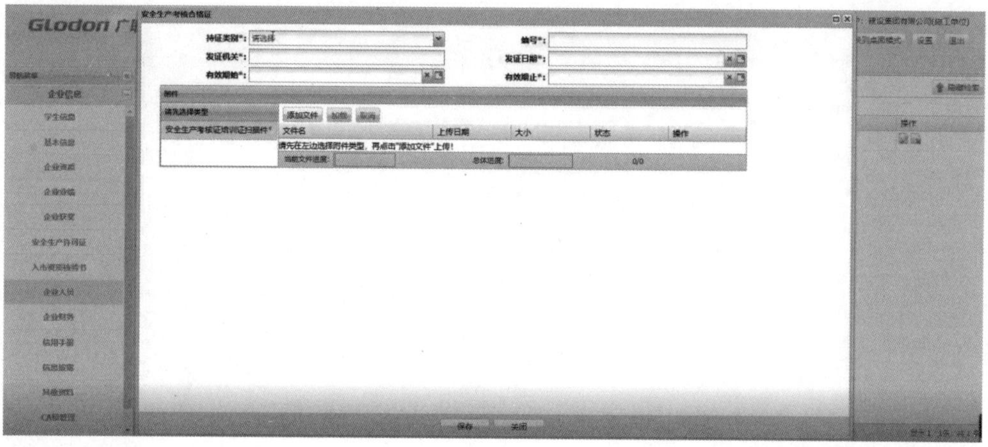

图 1.49　投标企业人员安全生产考核证书备案

③每一项内容填写完成后，必须提交审核；只有经过初审监管员审核并通过，企业备案才算成功，如图 1.50—图 1.52 所示。

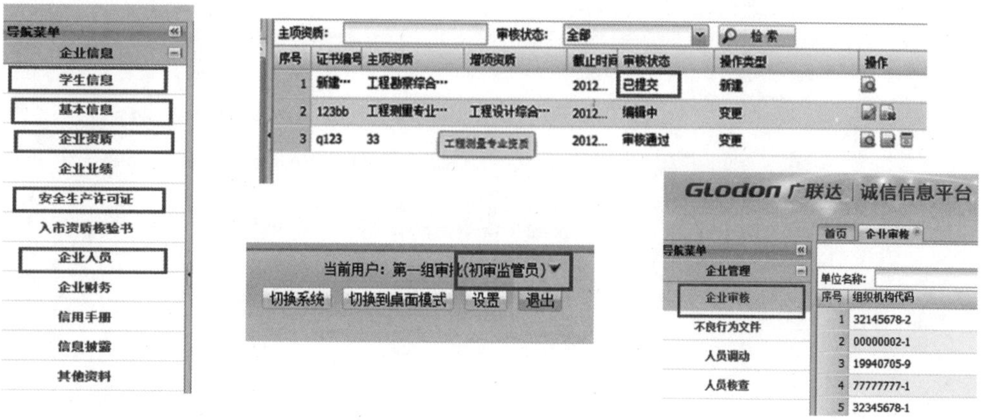

图 1.50　投标企业信息审核

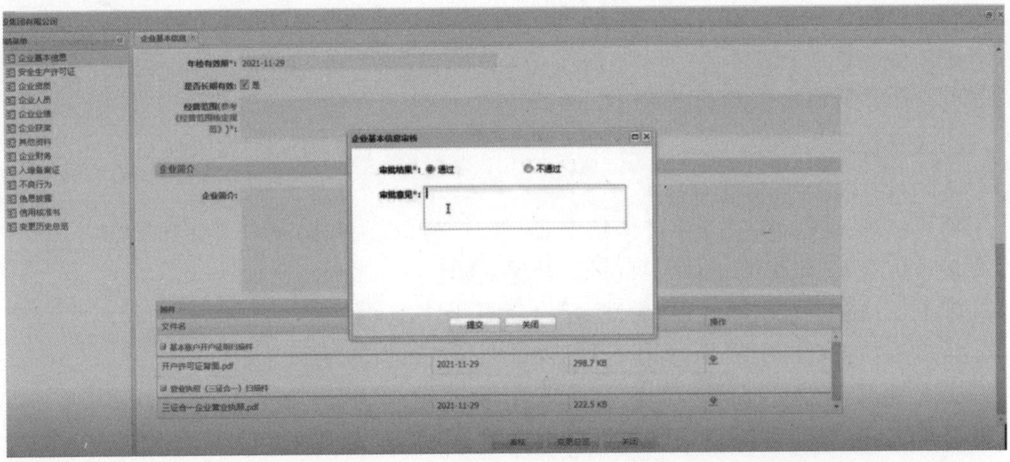

图1.51　投标企业信息审核结果:通过

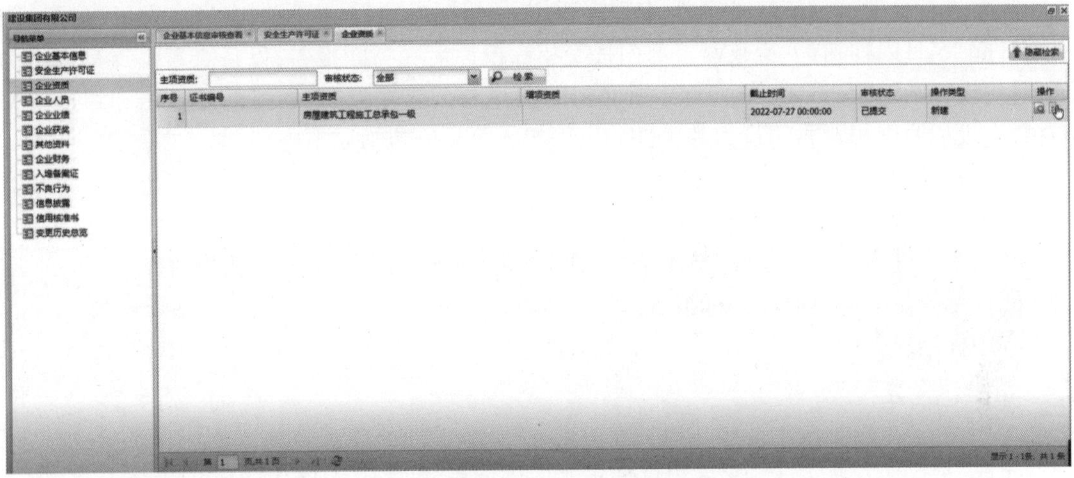

图1.52　审核投标企业资质信息

④每个团队选出一人兼任审核人员,审核自己团队企业的信息。

⑤行政监管人员:

a. 每个学生团队中由项目经理指定一名成员担任本团队的行政监管人员。

b. 负责工程交易管理服务平台的诚信业务审批。

学习资料

1. 企业诚信信息备案

招标人(招标代理机构)从事招标活动,要到当地建设行政主管部门招投标管理办公室备案。建筑施工企业如果想在当地招投标交易中心进行投标活动,必须到当地建设行政主管部门招投标管理办公室或者相关部门进行企业资质等的备案。

企业诚信信息备案包括:

1)公司证件

①组织机构代码证正本和副本。

②营业执照正本和副本。

③资质证书正本和副本。

④安全生产许可证正本和副本。

⑤法人身份证和照片。

2)人员证件

①项目经理:注册证、安全生产考核 B 证、照片、身份证、社保证明、职称证(如有)。

②技术负责人:职称证、照片、身份证、社保证明。

③施工员:施工员证、照片、身份证、社保证明、职称证(如有)。

④质检员:质检员证、照片、身份证、社保证明、职称证(如有)。

⑤安全员:安全员证、C 证、照片、身份证、社保证明、职称证(如有)。

⑥造价员:造价员证、照片、身份证、社保证明、职称证(如有)。

2. 提交书面报告

除要进行企业诚信信息备案外,依法必须进行招标的项目,招标人应当自发出中标通知书之日起 15 日内,向有关行政监督部门提交招标投标情况书面报告,以备查考。这是为了保证招标、投标活动“公开、公平、公正”所必需的法律和行政保障,它的目的是打击和纠正各种与招标、投标原则相背离的行为和事件。书面报告至少应包括以下内容:

①招标范围。

②招标方式和发布招标公告的媒介。

③招标文件中投标人须知、技术条款、评标标准和方法、合同主要条款等内容。

④评标委员会的组成和评标报告。

⑤中标结果。

评价与反思

完成“典型工作环节 4　完成招投标企业信息备案”的学习表现评价和反思表。

典型工作环节名称	具体任务	学习表现评价（自评×30%＋互评×30%＋教师评价×40%）				学习表现反思	
		自评得分	互评得分	教师评价得分	小计得分	学生反思	教师点评
典型工作环节 4　完成招投标企业信息备案	招标备案学生信息通过审核(10 分)						
	招标企业基本信息备案通过审核(10 分)						
	招标企业人员信息通过审核(10 分)						
	招标企业业绩信息通过审核(10 分)						

续表

<table>
<tr><td rowspan="2">典型工作环节名称</td><td rowspan="2">具体任务</td><td colspan="4">学习表现评价
（自评×30%＋互评×30%＋教师评价×40%）</td><td colspan="2">学习表现反思</td></tr>
<tr><td>自评得分</td><td>互评得分</td><td>教师评价得分</td><td>小计得分</td><td>学生反思</td><td>教师点评</td></tr>
<tr><td rowspan="6">典型工作环节4　完成招投标企业信息备案</td><td>投标备案学生信息通过审核(10分)</td><td></td><td></td><td></td><td></td><td></td><td></td></tr>
<tr><td>投标企业基本信息备案通过审核(10分)</td><td></td><td></td><td></td><td></td><td></td><td></td></tr>
<tr><td>投标企业安全生产许可证备案通过审核(10分)</td><td></td><td></td><td></td><td></td><td></td><td></td></tr>
<tr><td>投标企业资质备案通过审核(10分)</td><td></td><td></td><td></td><td></td><td></td><td></td></tr>
<tr><td>投标企业人员备案通过审核(10分)</td><td></td><td></td><td></td><td></td><td></td><td></td></tr>
<tr><td>投标企业业绩备案通过审核(10分)</td><td></td><td></td><td></td><td></td><td></td><td></td></tr>
<tr><td colspan="2">签字</td><td colspan="3">自评人签字：</td><td colspan="2">互评人签字：</td><td>教师签字：</td></tr>
<tr><td colspan="5">最终得分</td><td colspan="3"></td></tr>
<tr><td colspan="5">累计得分</td><td colspan="3"></td></tr>
<tr><td colspan="5">对自己未来学习表现有何期待</td><td colspan="3"></td></tr>
</table>

巩固训练

1.选择题

(1)招标人应当自发出中标通知书之日起(　　)日内,向有关行政监督部门提交招标投标情况的书面报告。(单选)

A.5　　B.7　　C.10　　D.15

(2)依法必须进行施工招标的项目,招标人应当在发出中标通知书后,向有关行政监督部门提交招标投标情况的书面报告。书面报告应包括的内容有(　　)。(多选)

A.招标范围

B.招标方式和发布招标公告的媒介

C.招标文件中投标人须知、技术条款、评标标准和方法、合同主要条款等内容

D.评标委员会的组成和评标报告

E. 中标结果

(3)招标投标活动的原则有(　　)。(多选)

A. 公开　　B. 公平　　C. 公正　　D. 效率

(4)招标备案是招标投标活动过程中的一种监督管理制度,包括(　　)。(多选)

A. 事前备案　　B. 事中备案　　C. 事后备案　　D. 预备案

2. 拓展题

将诚信平台其他需要备案的内容补充完整,并上传相应的证书。

项目 2　招标业务

◇知识目标

1. 熟悉招标的基本概念。
2. 掌握建设工程招标的方式、程序。
3. 熟悉工程项目施工招标的流程。
4. 了解工程项目施工招标的条件。
5. 掌握资格预审文件的编制方法。
6. 熟悉编制建设工程招标文件的原则。
7. 掌握建设工程招标文件的主要内容。

◇能力目标

1. 能够运用广联达 BIM 招投标沙盘执行评测系统完成项目的招标策划。
2. 能够运用广联达电子招标文件编制工具软件编制资格预审文件。
3. 能够运用广联达电子招标文件编制工具软件编制招标文件。

◇素养目标

1. 培养学生的团队合作能力。
2. 培养学生诚实守信的工作态度。
3. 树立职业自豪感和使命感,培养勇于担当的精神。

典型工作环节 1　策划招标方案

具体任务

项目经理组织商务经理、技术经理、市场经理结合案例工程项目的具体情况,完成如下问题。

任务 1:介绍项目的背景,描述项目的基本情况和基础信息,完成表 2.1。

表 2.1　项目的基本情况和基础信息表

项目的基本情况	
项目的基础信息	

任务 2：整理招标人的需求信息，完成表 2.2。

表 2.2　招标人的需求信息表

质量控制	
造价控制	
进度控制	
安全环境管理	
其他需求信息	

任务 3：结合相关的法律法规，完成以下问题。

确定招标人需求需重点获得哪些信息？
梳理招标方式选择、标段划分等方面的相关规定。

任务4:完成合同计价方式的对比(表2.3),根据案例工程选择合适的合同计价方式。

表2.3　合同计价方式对比表

合同类型	总价合同	单价合同	成本加酬金合同
应用范围			
建设单位造价控制			
施工承包单位风险			

学习资料

1. 建设工程招标的内涵

建设工程招标是指招标人在发包建设项目之前,公开发布招标公告或邀请投标人,投标人向招标人书面提出自己的报价及其他响应招标要求的条件,参加获取货物供应、承包工程或咨询服务的竞争;招标人对各投标人的报价及其他条件进行审查比较后,从中择优选定中标者,并与其签订合同的交易方式。

从法律意义上讲,建设工程招标一般是建设单位(或业主)就拟建的工程发布通告,用法定方式吸引建设项目的承包单位参加竞争,再通过法定程序从中选择条件优越者来完成工程建设任务的法律行为。建设工程投标是指经过特定审查而获得投标资格的建设项目承包单位,按照招标文件的要求,在规定的时间内向招标单位填报投标书,并争取中标的法律行为。双方须在《中华人民共和国招标投标法》等法律法规的规范下进行交易。

2. 建设工程招标方式

建设工程招标方式

1)公开招标

公开招标又称无限竞争性招标。招标人以招标公告的方式邀请不特定的法人或其他组织进行投标。

2)邀请招标

邀请招标又称有限竞争性招标、选择性招标。招标人以投标邀请书的方式邀请特定的法人或其他组织进行投标。

可以采用邀请招标的工程范围:

①项目技术复杂或有特殊要求,只有少量几家潜在投标人可供选择的;

②受自然地域环境限制的;

③涉及国家安全、国家秘密或者抢险救灾,适宜招标但不宜公开招标的;

④拟公开招标的费用与项目的价值相比,不值得进行公开招标的;

⑤法律、法规规定不宜公开招标的。

国家重点建设项目邀请招标,应当经国务院发展计划部门批准;地方重点建设项目邀请招标,应当经各省、自治区、直辖市人民政府批准。

公开招标和邀请招标的对比如图2.1所示,它们的优缺点对比如图2.2所示。

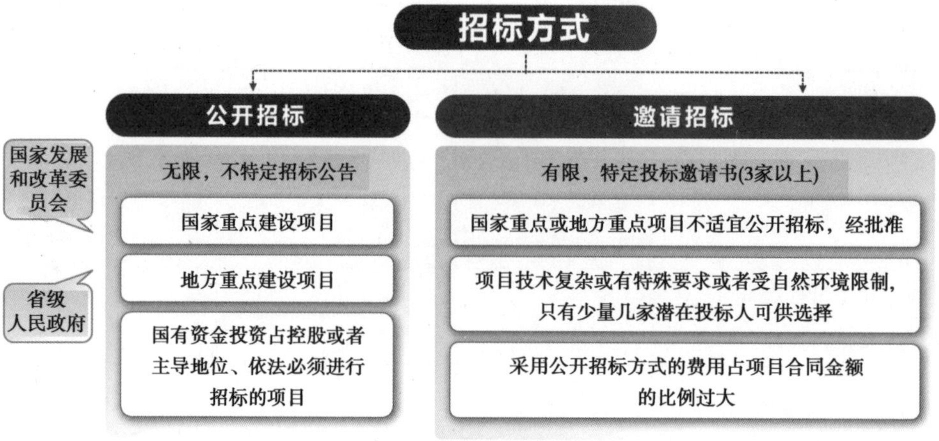

图 2.1　公开招标和邀请招标的对比图

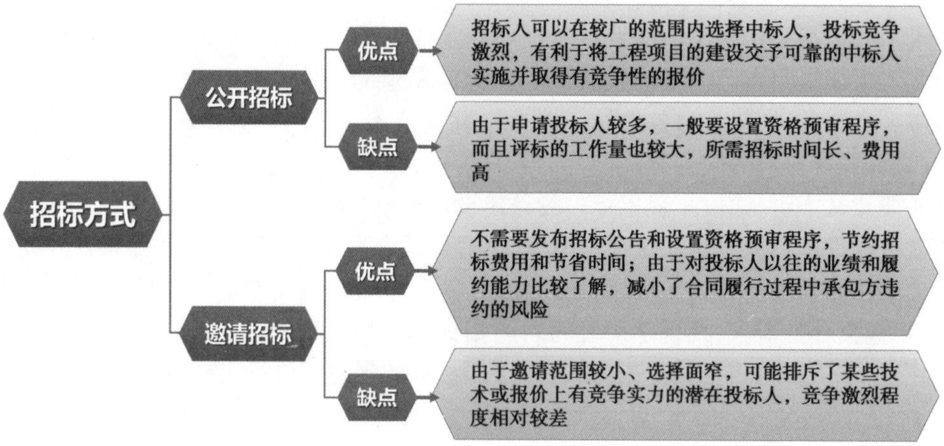

图 2.2　公开招标和邀请招标的优缺点对比图

3)两阶段招标

对技术复杂或者无法精确拟定技术规格的项目，招标人可以分两阶段进行招标。

第一阶段，投标人按照招标公告或者投标邀请书的要求提交不带报价的技术建议，招标人根据投标人提交的技术建议确定技术标准和要求，编制招标文件。

第二阶段，招标人向在第一阶段提交技术建议的投标人提供招标文件，投标人按照招标文件的要求提交包括最终技术方案和投标报价的投标文件。招标人要求投标人提交投标保证金的，应当在第二阶段提出。

3. 工程招标范围

1)强制招标工程范围

根据《中华人民共和国招标投标法》，在中华人民共和国境内进行下列工程建设项目(包括项目的勘察、设计、施工、监理以及与工程建设有关的重要设备和材料的采购)，必须进行招标。

①大型基础设施、公用事业等关系社会公共利益、公众安全的项目；

②全部或者部分使用国有资金投资或者国家融资的项目；

③使用国际组织或者外国政府贷款、援助资金的项目。

《必须招标的工程项目规定》(2018 年 6 月 1 日实施)规定,全部或者部分使用国有资金投资或者国家融资的项目包括：

①使用预算资金 200 万元人民币以上,并且该资金占投资额 10% 以上的项目；

②使用国有企业事业单位资金,并且该资金占控股或者主导地位的项目。

使用国际组织或者外国政府贷款、援助资金的项目包括：

①使用世界银行、亚洲开发银行等国际组织贷款、援助资金的项目；

②使用外国政府及其机构贷款、援助资金的项目。

上述所规定范围内的项目,其勘察、设计、施工、监理以及与工程建设有关的重要设备、材料等的采购达到下列标准之一的,必须招标：

①施工单项合同估算价在 400 万元人民币以上；

②重要设备、材料等货物的采购,单项合同估算价在 200 万元人民币以上；

③勘察、设计、监理等服务的采购,单项合同估算价在 100 万元人民币以上。

同一项目中可以合并进行的勘察、设计、施工、监理以及与工程建设有关的重要设备、材料等的采购,合同估算价合计达到前款规定标准的,必须招标。

2)可以不招标的工程范围

可以不进行招标的工程范围如下：

①需要采用不可替代的专利或者专有技术；

②采购人依法能够自行建设、生产或者提供；

③已通过招标方式选定的特许经营项目投资人依法能够自行建设、生产或者提供；

④需要向原中标人采购工程、货物或者服务,否则将影响施工或者功能配套要求；

⑤国家规定的其他特殊情形。

4. 施工标段划分

对于工程规模大、专业复杂的工程项目,建设单位的管理能力有限时,应考虑采用施工总承包的招标方式选择施工队伍。采用这种承包方式有利于减少各专业之间因配合不当造成的窝工、返工、索赔风险。

对于工艺成熟的一般性项目,涉及专业不多时,可考虑采用平行承包的招标方式,分别选择各专业承包单位并签订施工合同。采用这种承包方式有利于控制工程造价。

划分施工标段时,应考虑的因素包括工程特点、对工程造价的影响、承包单位专长的发挥、工地管理等。如果工程场地集中、工程量不大、技术不太复杂,则一般不分标,由一家单位总承包,易于管理。但如果工地场面大、工程量大,有特殊技术要求,则应考虑划分为若干标段。

从工地管理角度出发,分标段时应考虑两个方面的问题:一是工程进度的衔接,二是工地现场的布置和干扰。

5. 合同类型选择

1)合同类型

建设工程施工合同按照计价方式的不同可分为 3 种,即总价合同、单价合同和成本加酬金合同。

总价合同是指合同当事人约定的施工图、已标价工程量清单或预算书及有关条件进行合同价计算、调整和确认的建设工程施工合同。总价合同包括固定总价合同和可调总价合同。其中,固定总价合同适用于以下情形:①工程量小,工期短,估计在施工过程中环境因素变化小,工程条件稳定并合理;②工程设计详细,图纸完整、清楚,工程任务和范围明确;③工程结构和技术简单,风险小;④投标期相对宽裕,承包商有充足的时间详细考察现场、复核工程量,分析招标文件,拟订施工计划;⑤施工图设计已审查批准。可调总价合同是指在报价及签订合同时,以招标文件的要求及当时的物价计算总价,并在约定的风险范围内价款不再调整的合同。合同总价是一个相对固定的价格。在合同执行过程中,如果由于通货膨胀而使工料成本大大增加,则可对合同总价进行相应的调整。但需在合同专用条款中增加调价条款,由于通货膨胀引起工程成本增加达到某一限度时,合同总价应相应调整。

单价合同是指以工程单价结算工程价款的发承包方式,工程量实量实算,以实际完成的数量乘以单价结算的合同。

成本加酬金合同又称为成本补偿合同,是指按工程实际发生的成本,加上商定的总管理费和利润来确定工程总价的合同。工程实际发生的成本主要包括人工费、材料费、施工机械使用费、其他直接费和施工管理费以及各项独立费,但不包括承包企业的总管理费和应缴所得税。

3 种合同类型的风险分担和适用情形见表 2.4。

表 2.4　3 种合同类型的风险分担和适用情形

合同计价方式		总价合同	单价合同	成本加酬金合同
风险分担	工程量的风险	主要由承包人承担	主要由发包人承担	主要由发包人承担
	工程单价的风险	主要由承包人承担	主要由承包人承担	主要由发包人承担
适用情形	设计深度	施工图设计阶段	初步设计阶段	概念设计阶段
	项目准备时间	较长	适中	较短
	工期紧迫程度	工期充裕	工期适中	工期紧迫
	项目规模	较小	适中	较大
	项目复杂程度	较低	适中	较高
	外部环境因素	良好	一般	恶劣
	项目管理水平	先进	中等	陈旧
	合同条件完备程度	较好	适中	较差
	投资估算准确度	较高	适中	较低
	业主需要承担的风险	较少	适中	较多

2)合同类型的选择

合同类型的选择分为如下几种:

①工程项目的复杂程度。建设规模大且技术复杂的工程项目,承包风险较大,各项费用

不易准确估算，因而不宜采用固定总价合同。最好是对有把握的部分采用固定总价合同，估算不准的部分采用单价合同或成本加酬金合同。

②工程项目的设计深度。如果已完成工程项目的施工图设计，施工图纸和工程量清单详细而明确，则可选择总价合同；如果实际工程量与预计工程量可能有较大出入，则应优先选择单价合同；如果只完成工程项目的初步设计，工程量清单不够明确，则可选择单价合同或成本加酬金合同。

③施工技术的先进程度。如果在工程施工中有较大部分采用新技术、新工艺，建设单位和施工承包单位对此缺乏经验，又无国家标准，那么为了避免投标单位盲目地提高承包价款，或由于对施工难度估计不足而导致承包亏损，则不宜采用固定总价合同，而应选用成本加酬金合同。

④施工工期的紧迫程度。对于一些紧急工程（如灾后恢复工程等），要求尽快开工且工期较紧时，选择成本加酬金合同较为合适。

评价与反思

完成“典型工作环节 1　策划招标方案”的学习表现评价和反思表。

<table>
<tr><td rowspan="2">典型工作环节名称</td><td rowspan="2">具体任务</td><td colspan="4">学习表现评价
（自评 ×30% + 互评 ×30% + 教师评价 ×40%）</td><td colspan="2">学习表现反思</td></tr>
<tr><td>自评得分</td><td>互评得分</td><td>教师评价得分</td><td>小计得分</td><td>学生反思</td><td>教师点评</td></tr>
<tr><td rowspan="4">典型工作环节 1　策划招标方案</td><td>描述项目基本情况和基础信息（20 分）</td><td></td><td></td><td></td><td></td><td></td><td></td></tr>
<tr><td>整理招标人的需求信息（40 分）</td><td></td><td></td><td></td><td></td><td></td><td></td></tr>
<tr><td>法律法规梳理（20 分）</td><td></td><td></td><td></td><td></td><td></td><td></td></tr>
<tr><td>选择施工招标项目合同计价方式（20 分）</td><td></td><td></td><td></td><td></td><td></td><td></td></tr>
<tr><td colspan="2">签字</td><td colspan="3">自评人签字：</td><td colspan="2">互评人签字：</td><td>教师签字：</td></tr>
<tr><td colspan="5">最终得分</td><td colspan="3"></td></tr>
<tr><td colspan="5">累计得分</td><td colspan="3"></td></tr>
<tr><td colspan="5">对自己未来学习表现有何期待</td><td colspan="3"></td></tr>
</table>

巩固训练

1. 选择题

(1)下列施工项目中,不属于必须招标范围的是(　　)。(单选)

A. 大型基础设施项目

B. 使用世界银行贷款的建设项目

C. 政府投资的经济适用房建设项目

D. 施工主要技术采用特定专利的建设项目

(2)《工程建设项目招标范围和规模标准规定》规定重要设备、材料等货物的采购,单项合同估算价在(　　)万元人民币以上的,必须进行招标。(单选)

A. 50　　B. 100　　C. 150　　D. 200

(3)根据《中华人民共和国招标投标法》及相关规定,必须进行施工招标的工程项目是(　　)。(单选)

A. 施工企业在其施工资质许可范围内自建自用的工程

B. 全部或者部分使用国有资金投资或者国家融资的项目

C. 施工主要技术采用特定的专利或者专有技术的工程

D. 经济适用房工程

(4)根据《中华人民共和国招标投标法》及有关规定,下列项目中,不属于必须招标的工程建设项目范围的是(　　)。(单选)

A. 某城市的地铁工程　　B. 国家博物馆的维修工程

C. 某省的体育馆建设项目　　D. 张某给自己建的别墅

(5)下列使用国有资金的项目中,必须通过招标方式选择施工单位的是(　　)。(单选)

A. 某水利工程,其单项施工合同估算价 600 万元人民币

B. 利用资金实行以工代赈、需要使用农民工

C. 某军事工程,其重要设备的采购单项合同估算价 100 万元人民币

D. 某福利院工程,其单项施工合同估算价 300 万元人民币且施工主要技术采用某专有技术

(6)关于招标方式,下列说法正确的是(　　)。(多选)

A. 对技术复杂或者无法精确拟定技术规格的项目,招标人可以分两阶段进行招标

B. 两阶段招标的第二阶段,招标人向在第一阶段提交技术建议的投标人提供招标文件,投标人按照招标文件的要求提交包括最终技术方案和投标报价的投标文件

C. 两阶段招标的第一阶段,投标人应该按照招标公告或者投标邀请书的要求提交带报价的技术建议

D. 采用公开方式招标的费用占项目合同金额比例过大的项目,可以采用邀请招标方式

(7)关于施工标段的划分,下列说法正确的有(　　)。(多选)

A. 如果工程场地集中、技术不太复杂,则应考虑划分为若干标段

B. 如果工地场面大、工程量大、有特殊技术要求,则应考虑划分为若干标段

C. 对于工程规模大、专业复杂的工程项目,建设单位的管理能力有限时,应考虑采用施工总承包的招标方式选择施工队伍

D. 从现场布置的角度出发,承包单位越多越好

E. 标段划分应在选择招标方式之后进行

(8)工程施工合同计价类型中,(　　)合同计价方式一般适用于工程规模较小、技术比较简单、工期较短,且核定合同价格时已经具备完整、详细的工程设计文件和必需的施工技术管理条件的工程建设项目。(单选)

A. 固定总价　　B. 固定单价　　C. 可调价格　　D. 成本加酬金

(9)建设工程施工合同根据合同计价方式的不同,一般可以划分为3种类型,下面属于该合同类型的是(　　)。(多选)

A. 总价合同　　B. 单价合同　　C. 固定合同　　D. 成本加酬金合同

(10)采用邀请招标方式的,招标人应当向(　　)家以上具备承担施工招标项目的能力、资信良好的特定法人或者其他组织发出投标邀请书。(单选)

A. 3　　B. 4　　C. 5　　D. 7

2. 论述题

比较公开招标和邀请招标的优缺点。

典型工作环节2　编制招标计划

编制招标计划
(资格预审)

具体任务

任务1:完成招标计划。以招标代理身份根据案例工程信息,项目经理带领团队成员讨论,在熟悉招标工程案例背景信息的基础上,根据自己公司的企业性质、人力资源能力、招标工程建设信息等,对照项目招标条件、招标方式,确定本次招标的组织形式。通过广联达BIM招投标沙盘执行评测系统完成一份招标策划,包括招标条件及招标方式判定、招标计划,如图2.3、图2.4所示。

图2.3　招标条件及招标方式的判定

图 2.4　招标计划

任务 2：在电子招投标交易平台完成招标项目注册、招标公告发布和招标文件发售操作。

①注册招标项目。先登录电子招投标项目交易平台（图 2.5），然后完成如图 2.6 所示框中的内容（项目登记、初步发包方案、委托招标备案）并通过审批。

图 2.5　登录电子招投标项目交易平台

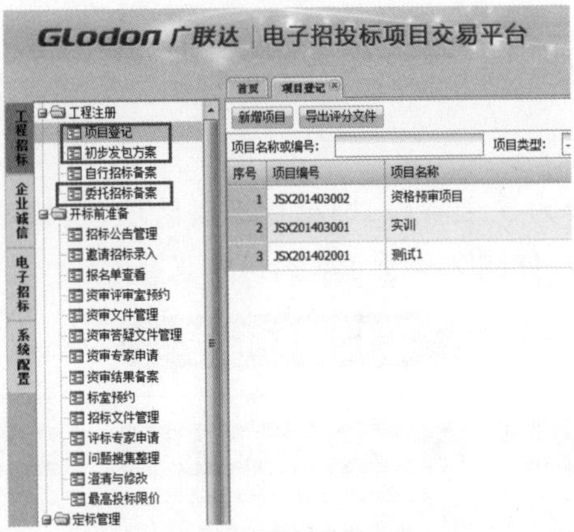

图2.6　招标项目注册

②发布招标公告、发售招标文件。完成如图2.7所示框中的内容(招标公告管理、招标文件管理、最高投标限价)并通过审批。

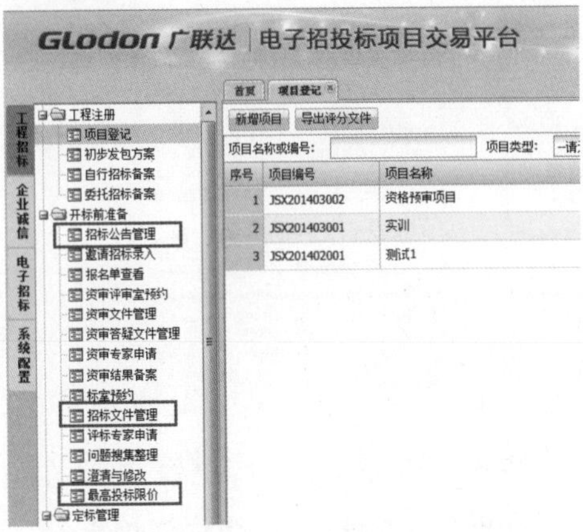

图2.7　发布招标公告、发售招标文件

任务3:完成开标前的准备工作。

完成如图2.8所示框中的内容(标室预约、评标专家申请)并通过审批。

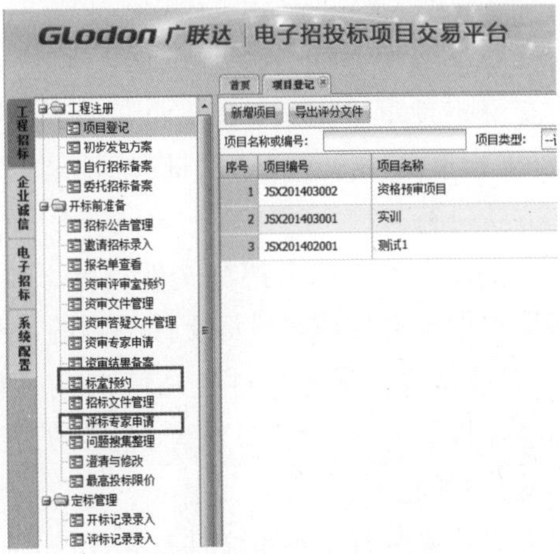

图2.8　开标前的准备工作

学习资料

工程招标的程序

1. 工程招标的程序

工程招标的程序主要分为 3 个阶段，即招标准备阶段、资格审查与投标阶段以及开标评标与授标阶段，如图 2.9 所示。

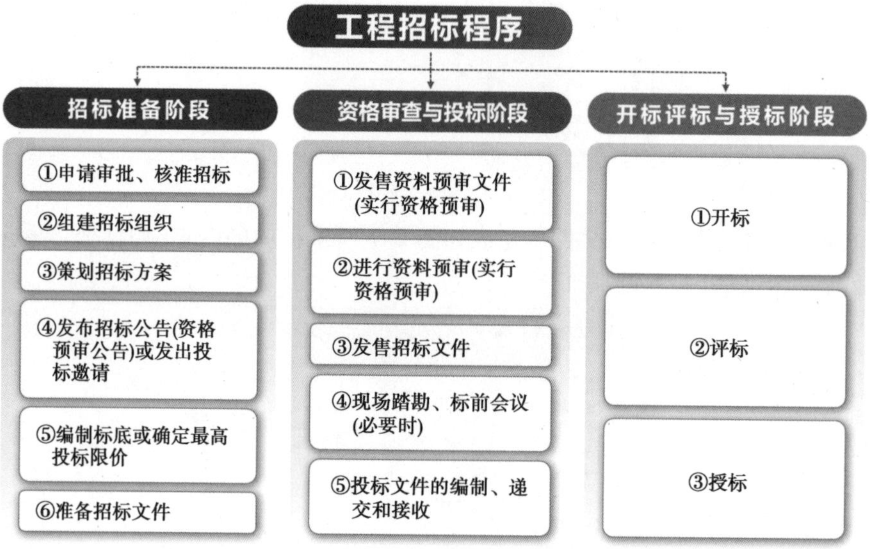

图 2.9　工程招标的程序

1)资格预审公告或招标公告的发布

依法必须进行招标项目的资格预审公告或招标公告，应当在国务院发展改革部门依法指定的媒介发布。在不同媒介发布的同一招标项目的资格预审公告或者招标公告的内容应当一致。指定媒介发布依法必须进行招标项目的境内资格预审公告、招标公告，不得收取费用。若在公开招标过程中采用资格预审程序，可用资格预审公告代替招标公告，资格预审后不再单独发布招标公告。

2)资格预审文件或招标文件的发出、修改和异议的提出

招标人应当合理确定提交资格预审申请文件的时间。依法必须进行招标的项目提交资格预审申请文件的时间，自资格预审文件停止发售之日起不得少于 5 日。资格预审应当按照资格预审文件载明的标准和方法进行。

招标人可以对已发出的资格预审文件或者招标文件进行必要的澄清或者修改。澄清或者修改的内容可能影响资格预审申请文件或者投标文件编制的，招标人应当在提交资格预审申请文件截止时间至少 3 日前，或者投标截止时间至少 15 日前，以书面形式通知所有获取资格预审文件或者招标文件的潜在投标人；不足 3 日或者 15 日的，招标人应当顺延提交资格预审申请文件或者投标文件的截止时间。

潜在投标人或者其他利害关系人对资格预审文件有异议的，应当在提交资格预审申请文件截止时间 2 日前提出；对招标文件有异议的，应当在投标截止时间 10 日前提出。招标人应

当自收到异议之日起3日内作出答复;作出答复前,应当暂停招标投标活动。

提交资格预审申请文件和投标文件的截止时间示意图如图2.10所示。

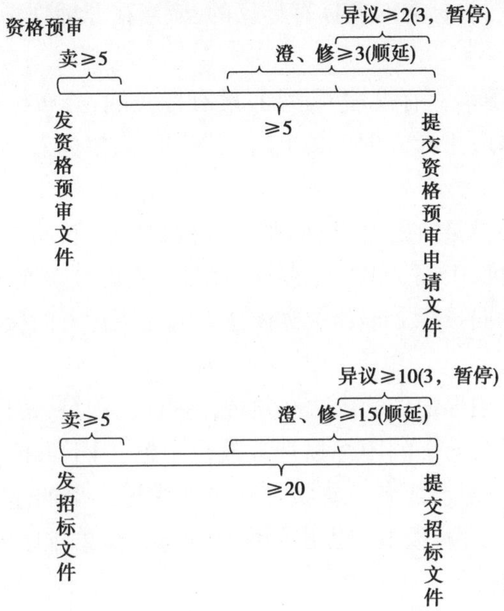

图2.10　提交资格预审申请文件和投标文件的截止时间示意图

3)申请人确认与发出通知

招标人在规定的时间内以书面形式将资格预审结果通知申请人,并向通过资格预审的申请人发出投标邀请书。通过资格预审的申请人收到投标邀请书后,应在规定的时间内以书面形式明确表示是否参加投标。在规定时间内未表示是否参加投标或明确表示不参加投标的,不得再参加投标。未通过资格预审的申请人不具有投标资格。潜在投标人数量不足3个的,招标人重新组织资格预审或不再组织资格预审而直接招标。

4)踏勘现场与召开投标预备会

招标人不得单独或者分别组织任何一个投标人进行现场踏勘。招标人在踏勘现场中介绍的工程场地和相关的周边环境情况,供投标人在编制投标文件时参考,招标人不对投标人据此做出的判断和决策负责。招标人应尽快以书面形式将问题及解答同时发送给所有获得招标文件的潜在投标人。

5)接受投标文件与投标保证金(也可以是投标保函)

从招标文件发放之日起至投标文件截止日不短于20天。投标保证金不能超过招标项目估算价的2%。投标有效期从投标截止时间起开始计算,到签合同为止,一般项目投标有效期为60~90天。

投标保证金有效期与投标有效期保持一致。

投标人撤回已提交的投标文件,应当在投标截止时间前书面通知招标人。招标人已收取投标保证金的,应当自收到投标人书面撤回通知之日起5日内退还。

投标截止后投标人撤销投标文件的,招标人可以不退还投标保证金。

6)开标

开标应当在招标文件确定的提交投标文件截止时间的同一时间公开进行;开标地点应当为招标文件中确定的地点;投标人对开标有异议的,应当在开标现场提出,招标人应当当场作出答复,并记录。

开标由招标人主持,邀请所有投标人参加;设有标底的,公布标底;招标人应当按照招标文件规定的时间、地点开标;投标人少于 3 个的,不得开标,招标人应当重新招标。

7)评标

由招标人组建评标委员会,在招标投标监管机构的监督下,依据招标文件规定的评标标准和方法,对投标人的报价、工期、质量、主要材料用量、施工方案或施工组织设计等方面进行评价,形成书面评标报告,向招标人推荐中标候选人或在招标人的授权下直接确定中标人。

8)确定中标单位并公示

国有资金占控股或者主导地位的依法必须进行招标的项目,招标人应当确定排名第一的中标候选人为中标人。排名第一的中标候选人放弃中标、因不可抗力不能履行合同、不按照招标文件要求提交履约保证金,或者被查实存在影响中标结果的违法行为等情形,不符合中标条件的,招标人可以按照评标委员会提出的中标候选人名单排序依次确定其他中标候选人为中标人,也可以重新招标。

依法必须进行招标的项目,招标人应当自收到评标报告之日起 3 日内公示中标候选人,公示期不得少于 3 日。

9)发出中标通知书

中标人确定后,招标人应当向中标人发出中标通知书,并同时将中标结果通知所有未中标的投标人。中标通知书对招标人和中标人具有法律效力。中标通知书发出后,招标人改变中标结果,或者中标人放弃中标项目的,应当依法承担法律责任。

招标人应当自确定中标人之日起 15 日内,向有关行政监督部门提交招标投标情况的书面报告。

10)签合同和交纳履约保证金

招标人和中标人应当自中标通知书发出之日起 30 日内,按照招标文件和中标人的投标文件订立书面合同。招标人和中标人不得再行订立背离合同实质性内容的其他协议。

招标人最迟应当在书面合同签订后 5 日内向中标人和未中标的投标人退还投标保证金及银行同期存款利息。

招标文件要求中标人提交履约保证金的,中标人应当按照招标文件的要求提交。履约保证金不得超过中标合同金额的 10% 。

按照上述流程,招投标活动中,招标与投标共存亡,可参考如图 2. 11 所示的流程完成 BIM 招投标沙盘执行评测系统中的招标计划。

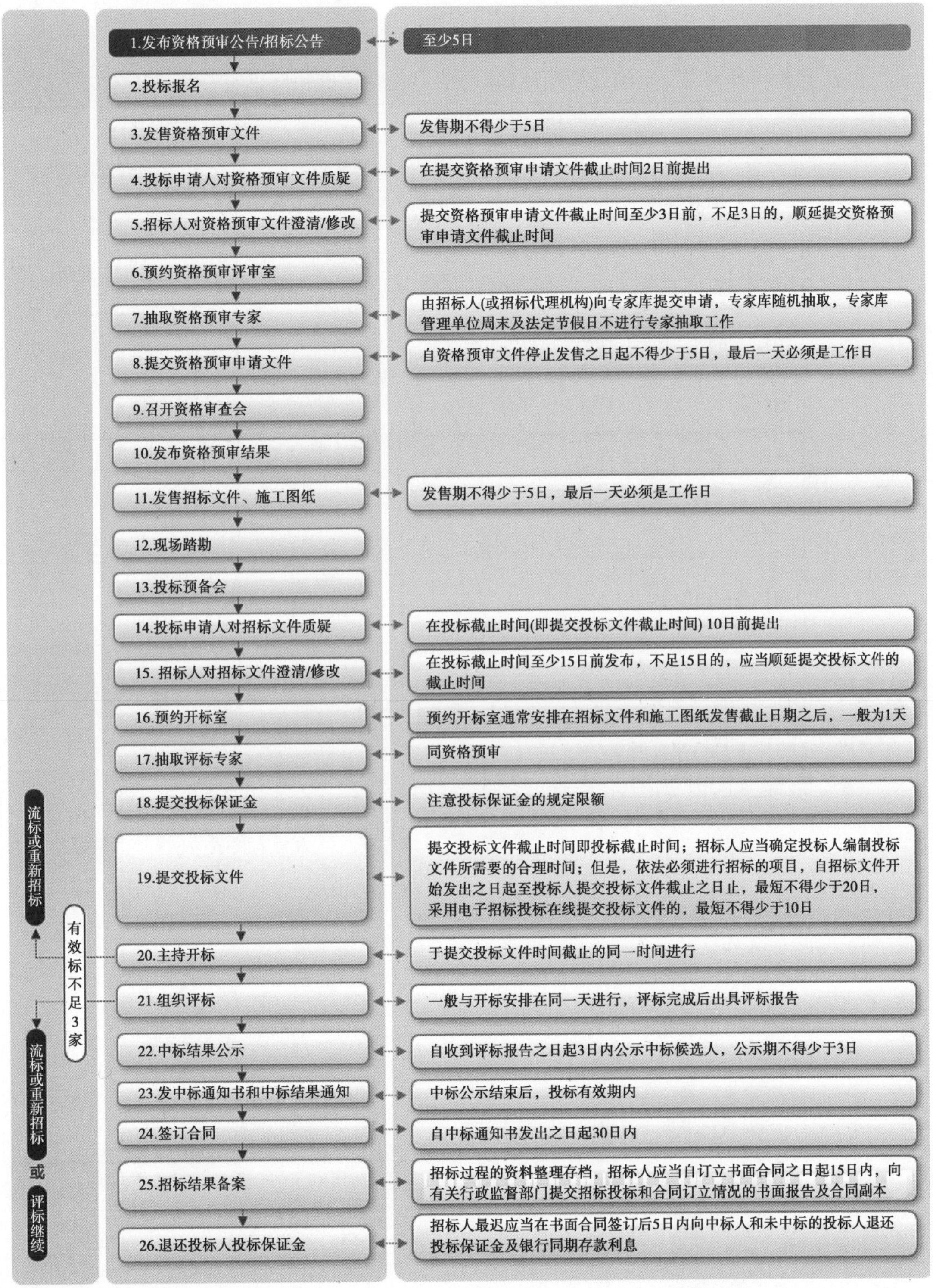

图2.11　工程招投标的流程

评价与反思

完成“典型工作环节 2　编制招标计划”的学习表现评价和反思表。

<table>
<tr><td rowspan="2">典型工作环节名称</td><td rowspan="2">具体任务</td><td colspan="4">学习表现评价
（自评×30% +互评×30% +教师评价×40%）</td><td colspan="2">学习表现反思</td></tr>
<tr><td>自评得分</td><td>互评得分</td><td>教师评价得分</td><td>小计得分</td><td>学生反思</td><td>教师点评</td></tr>
<tr><td rowspan="5">典型工作环节 2　编制招标计划</td><td>招标人确定适合工程项目的招标条件、招标方式（10 分）</td><td></td><td></td><td></td><td></td><td></td><td></td></tr>
<tr><td>招标人编制工程项目招标计划软件，自检合格（50 分）</td><td></td><td></td><td></td><td></td><td></td><td></td></tr>
<tr><td>项目登记（10 分）</td><td></td><td></td><td></td><td></td><td></td><td></td></tr>
<tr><td>招标人初步发包方案（10 分）</td><td></td><td></td><td></td><td></td><td></td><td></td></tr>
<tr><td>招标人自行招标备案/委托招标备案（20 分）</td><td></td><td></td><td></td><td></td><td></td><td></td></tr>
<tr><td colspan="2">签字</td><td colspan="3">自评人签字：</td><td colspan="2">互评人签字：</td><td>教师签字：</td></tr>
<tr><td colspan="5">最终得分</td><td colspan="3"></td></tr>
<tr><td colspan="5">累计得分</td><td colspan="3"></td></tr>
<tr><td colspan="5">对自己未来学习表现有何期待</td><td colspan="3"></td></tr>
</table>

巩固训练

1. 选择题

(1)关于招标文件的疑问和澄清，下列说法正确的是(　　)。(单选)

A. 投标人可以口头方式提出疑问

B. 投标人不得在投标截止前的15日内提出疑问

C. 投标人收到澄清后的确认时间应按绝对时间设置

D. 招标文件的书面澄清应发给所有投标人

(2)中标通知书对(　　)具有法律效力。(单选)

A. 招标人　　B. 中标人　　C. 投标人　　D. 招标人和中标人

(3)招标人与中标人签订合同后(　　)工作日内,应当向中标人和未中标人退还投标保证金。(单选)

A. 5个　　B. 10个　　C. 15个　　D. 20个

(4)称为有限招标的是(　　)。(单选)

A. 公开招标　　B. 邀请招标　　C. 议标　　D. 定标

(5)投标人在(　　)可以补充、修改或者撤回已提交的投标文件,并书面通知招标人。(单选)

A. 招标文件要求提交投标文件截止时间后

B. 招标文件要求提交投标文件截止时间前

C. 提交投标文件截止时间后到招标文件规定的投标有效期终止之前

D. 招标文件规定的投标有效期终止之前

(6)关于施工招标文件,下列说法正确的有(　　)。(多选)

A. 招标文件应包括拟签合同的主要条款

B. 当进行资格预审时,招标文件中应包括投标邀请书

C. 自招标文件开始发出之日起至投标截止之日最短不得少于15日

D. 招标文件不得说明评标委员会的组建方法

E. 招标文件应明确评标方法

(7)招标人对已发出的招标文件进行必要的澄清或者修改的,下列说法不正确的有(　　)。(多选)

A. 在招标文件要求提交投标文件截止时间至少20日前

B. 以书面形式通知所有招标文件收受人

C. 在招标文件要求提交投标文件截止时间至少15日前

D. 以书面、邮件等法定形式通知所有招标文件收受人

(8)根据《中华人民共和国招标投标法》规定,以下属于不需要追究责任的重新招标的情形有(　　)。(多选)

A. 依法必须招标的项目的所有投标被否决的

B. 投标人少于3个的

C. 投标人以他人名义投标或者以其他方式弄虚作假,骗取中标的

D. 依法必须进行招标的项目的招标人泄露标底的

(9)某扩建项目对社会公开招标,招标文件明确规定提交投标文件的截止时间是2022年6月1日上午9点,开标地点为该公司4楼会议室,则下列关于开标的说法正确的有(　　)。(多选)

A. 开标时间为2022年6月1日上午9点至2022年6月15日9点

B. 开标地点应当为该公司4楼会议室

C. 开标应由该市政府有关部门主持

D. 开标时由工作人员当众拆封所有投标文件

编制招标计划
(资格后审)

2. 拓展题

(1)利用广联达 BIM 招投标沙盘执行评测系统软件完成比赛版案例工程招标计划的编制。

(2)某国家大型水利工程工艺先进，技术难度大，对施工单位的施工设备和同类工程施工经验要求高，而且对工期的要求也比较紧迫。基于这些实际情况，招标人决定仅邀请3家国有一级施工企业参加投标。

招标工作内容确定为：①成立招标工作小组；②发出投标邀请书；③编制招标文件；④编制标底；⑤发放招标文件；⑥招标答疑；⑦组织现场踏勘；⑧接收投标文件；⑨开标；⑩确定中标人；⑪评标；⑫签订承发包合同；⑬发出中标通知书。

问题：如果将上述招标工作内容的顺序作为招标工作的先后顺序是否妥当？如果不妥，请确定合理的招标工作顺序。

典型工作环节3　编制资格预审文件

具体任务

任务1：设置资格审查方式、方法及标准。

①项目经理带领团队成员对资格审查方式进行比较，完成表2.5。

表2.5　资格审查方式比较表

审查方式	资格预审	资格后审
评审时间		
评审对象		
公布文件		
优点		
缺点		
适用情形		
不合格的后果		
适用的评审方法		

②项目经理带领团队成员对资格审查方法进行比较,完成表2.6。

表2.6　资格审查方法比较表

资格审查方法	审查标准
合格制	
有限数量制	

③项目经理带领团队成员分析案例文件,确定潜在投标人的资格审查方式和方法,完成表2.7。

表2.7　潜在投标人的资格审查方式和方法表

潜在投标人数量	
资格审查方式	
资格审查方法	

任务2:项目拟采用资格预审方式进行资格审查,请分析主要审查的因素,完成表2.8。

表2.8　资格审查因素分析表

资格审查内容要求	资格审查因素分解
具有独立签订合同的权利	
具有履行合同的能力	
企业经营状况	
企业信誉	
其他资格条件	

任务3:编制资格预审文件。

①市场经理确定潜在投标人的企业门槛。市场经理根据招标工程的项目特征、资质标

准,确定适合本工程的潜在投标人的企业资质条件,完成表 2.9。

表 2.9　潜在投标人的企业资质条件表

项目特征	资质条件	确定依据

②技术经理确定潜在投标单位的人员门槛,完成表 2.10 和表 2.11。

表 2.10　潜在投标单位项目负责人门槛表

条件设置	执业资格		职称等级	学历	学位	安全生产考核合格证	工作年限
	专业	等级					

表 2.11　潜在投标单位项目组其他人员条件表

序号						
管理人员						
岗位证书						
专业						
学历						
职称						
数量/人						
工作年限						
工程业绩（近______年）						

③商务经理确定潜在投标人的经营状况,完成表 2.12。

表 2.12　投标人的经营状况表

序号	项目名称	具体内容						
1	类似工程	标段	建筑面积/m^2	结构类型	层数	跨度/m	工程造价/万元	特殊工艺
		业绩(近一年)						
		公司业绩						
		项目负责人业绩						
		项目技术负责人业绩						

④利用广联达电子招标书编制软件，完成资格预审文件电子版的编制，并导出相应的文件，如图2.12—图2.19所示。

编制资格预审文件

序号	评审因素	评审标准
1	申请人名称	与营业执照、资质证书、安全生产许可证一致
2	申请函签字盖章	有法定代表人或其委托代理人签字并加盖单位章
3	申请文件格式	符合第四章"资格预审申请文件格式"的要求
4	联合体申请人（如有）	提交联合体协议书，并明确联合体牵头人
5	申请人资格预审文件的获取	符合资格预审文件对申请人获取文件的要求
6	申请人资格预审申请文件的递交	符合资格预审文件对申请人递交文件的要求

图2.12　电子资格预审文件初步评审页面

序号	评审因素	评审标准	证明材料
1	营业执照	具备有效的营业执照	营业执照复印件及年检记录（加盖单位章）
2	安全生产许可证	具备有效的安全生产许可证	建设行政主管部门核发的安全生产许可证复印件（加盖单位章）
3	企业资质等级	符合第二章"申请人须知"第1.4.1项规定	建设行政主管部门核发的资质等级证书复印件（加盖单位章）
4	财务状况	符合第二章"申请人须知"第1.4.1项规定	经会计师事务所或者审计机构审计的财务会计报表，包括资产负债表、损益表、现金流量表、利润表和财务状况说明书（加盖单位章）
5	类似项目业绩	符合第二章"申请人须知"第1.4.1项规定	中标通知书或合同协议书、工程竣工验收证书（工程竣工验收证明材料，即工程竣工验收备案登记表或单位工程质量竣工验收记录）复印件并加盖单位章
6	信誉	符合第二章"申请人须知"第1.4.1项规定	法院或者仲裁机构作出的判决、裁决等法律文书，县级以上建设行政主管部门处罚文书，履约情况说明
			建设行政主管部门核发的建造师执业资格证

图2.13　电子资格预审文件详细评审页面

序号	条款内容
1	在初步审查、详细审查中，评标委员会认定申请人的资格预审申请文件不符合资格审查办法前附表中规定的任何一项评审标准的
2	本章前附表如约定需要申请人提交第二章"申请人须知"第3.2.3项至3.2.7项规定的有关证明和证件的原件，申请人未按照审查委员会要求的时间和地点提交有关证明和证件的原件、原件与复印件不符或者原件存在伪造嫌疑且申请人不能合理说明的
3	为招标人不具有独立法人资格的附属机构（单位）
4	为本标段前期准备提供设计或咨询服务的，但设计施工总承包的除外
5	为本标段的监理人
6	为本标段的代建人
7	为本标段提供招标代理服务的
8	与本标段的监理人或代建人或招标代理机构同为一个法定代表人的
9	与本标段的监理人或代建人或招标代理机构相互控股或参股的
10	与本标段的监理人或代建人或招标代理机构相互任职或工作的

图2.14　电子资格预审文件废标条款页面

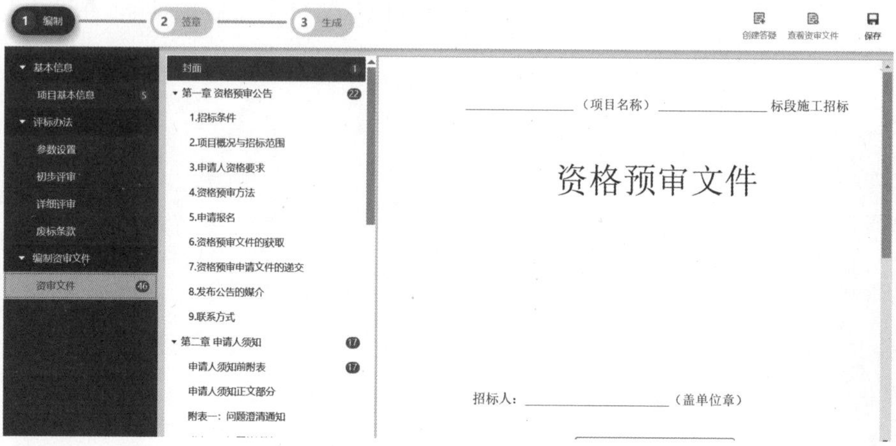

图 2.15　编制电子资格预审文件

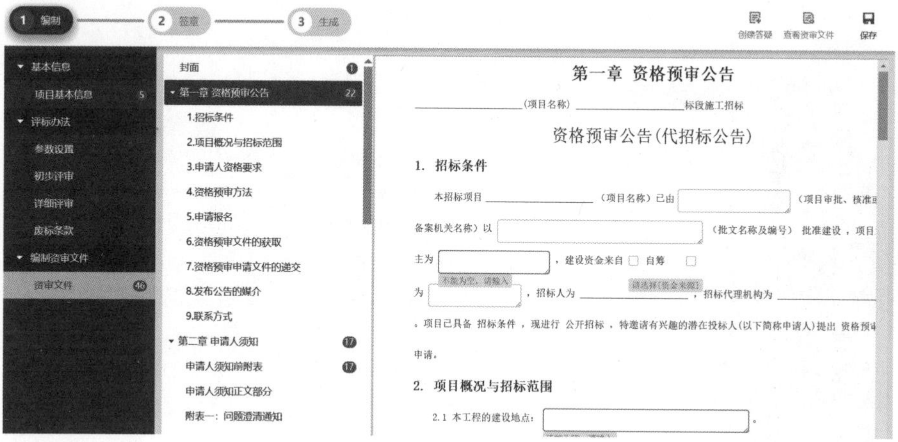

图 2.16　编制资格预审公告

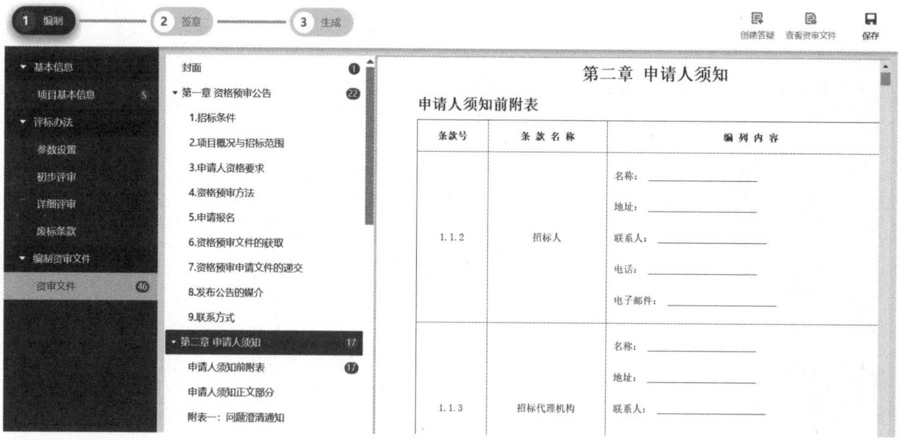

图 2.17　编制申请人须知

图2.18　编制资格审查办法

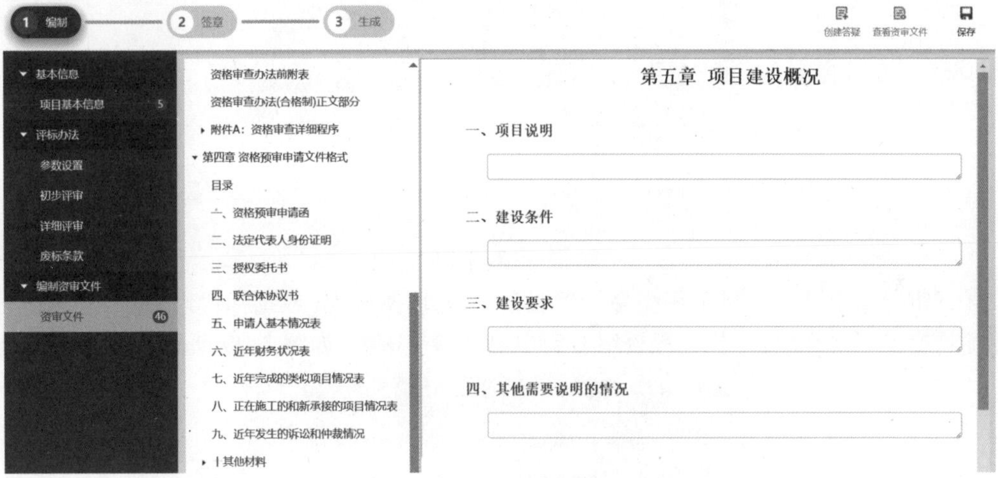

图2.19　编制项目建设概况

项目登记　　初步发包方案　　自行招标备案或委托招标备案　　招标公告管理

任务4：发布资格预审公告、发售资格预审文件。

①资格预审文件备案。登录工程交易管理服务平台，用招标人（或招标代理）账号进入电子招投标项目交易平台，完成招标工程的资格预审公告（招标公告）备案并提交审批，如图2.20、图2.21所示。

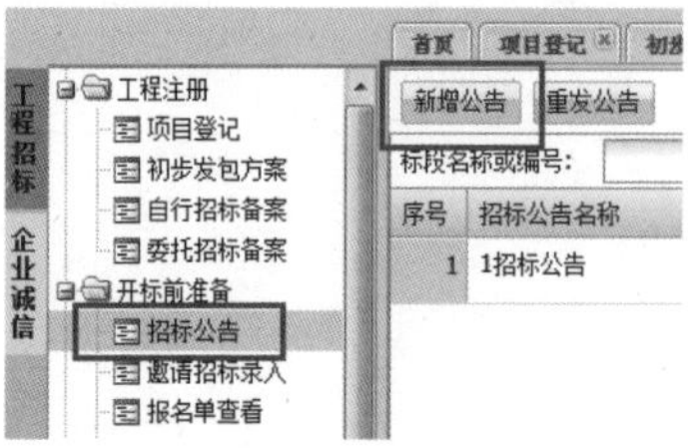

图 2.20　招标工程的招标公告备案

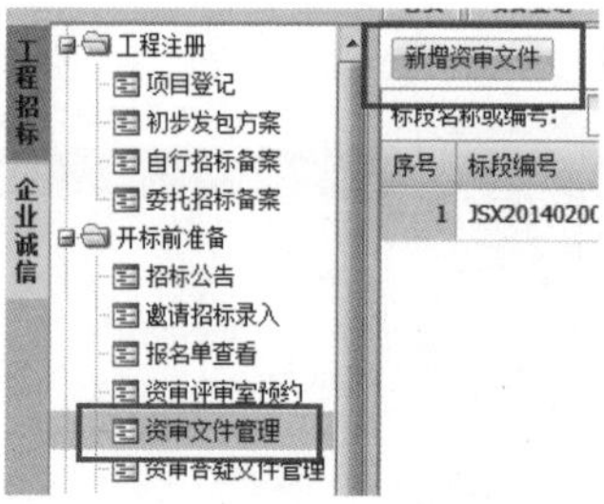

图 2.21　招标工程的资格预审公告备案

②完成资格审查前的准备工作。登录工程交易管理服务平台，用招标人(或招标代理)账号进入电子招投标项目交易平台，完成招标工程资格预审评审室的预约并提交审批，如图 2.22所示。

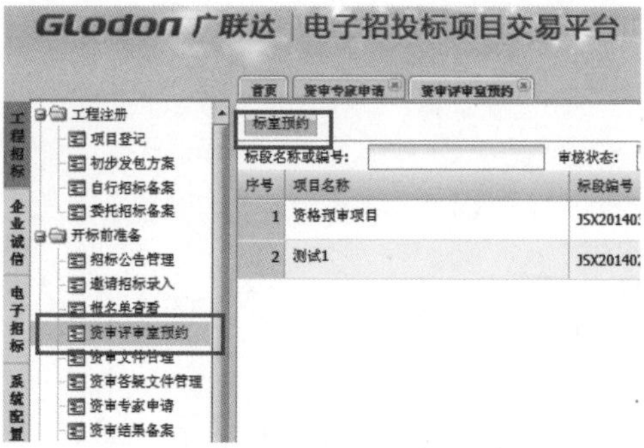

图 2.22　资格评审室预约

③资审专家申请。登录工程交易管理服务平台，用招标人(或招标代理)账号进入电子招投标项目交易平台，完成招标工程资审专家申请并提交审批，如图 2.23 所示。

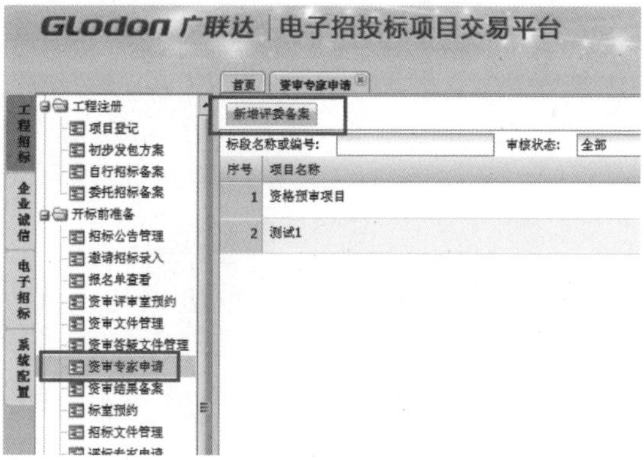

图 2.23　资审专家申请

建设工程施工招标资格审查

学习资料

1. 资格审查的概念及原则

1)资格审查的概念

资格审查是指招标人对资格预审申请人或投标人的经营资格、专业资质、财务状况、技术能力、管理能力、业绩、信誉等方面进行评估审查，以判定其是否具有参与项目投标和履行合同的资格及能力的活动。资格审查既是招标人的权利，也是招标项目的必要程序，它对保障招标人和投标人的利益具有重要作用。

2）资格审查的原则

资格审查除遵循招标投标的公开、公平、公正和诚实信用原则外，还应遵循科学、合格和适用原则。

（1）科学原则

为了保证申请人或投标人具有合法的投标资格和相应的履约能力，招标人应根据招标采购项目的规模、技术管理特性要求，结合国家企业资质等级标准和市场竞争状况，科学、合理地设立资格审查办法、资格条件以及审查标准。招标人应慎重对待投标资格的条件和标准，这将直接影响合格投标人的质量和数量，进而影响投标的竞争程度和项目招标的期望目标的实现。

（2）合格原则

通过资格审查，选择资质、能力、业绩、信誉合格的资格预审申请人参加投标。

（3）适用原则

资格审查有资格预审与资格后审两种，各有其适用条件和优缺点。因此，招标项目是采用资格预审还是资格后审，应根据招标项目的特点，结合潜在投标人的数量和招标时间等因素综合考虑，选择适用的资格审查办法。

2. 资格审查的方式

1）资格预审

资格预审是指招标人通过发布资格预审公告，向不特定的潜在投标人发出投标邀请，由招标人或者由其依法组建的资格审查委员会，按照资格预审文件确定的审查方法、资格条件以及审查标准，对资格预审申请人的经营资格、专业资质、财务状况、类似项目业绩、履约信誉等条件进行评审，以确定通过资格预审的申请人。未通过资格预审的申请人，不具有投标的资格。资格预审的方法包括合格制和有限数量制。一般情况下应采用合格制，潜在投标人过多时，可采用有限数量制。

2）资格后审

资格后审是指在开标后由评标委员会对投标人进行的资格审查。采用资格后审时，招标人应当在开标后由评标委员会按照招标文件规定的标准和方法对投标人的资格进行审查。资格后审是评标工作的一项重要内容。对资格后审不合格的投标人，评标委员会应否决其投标。

3. 资格预审的程序

1）编制资格预审文件

由招标人组织有关专家编制资格预审文件，也可委托设计单位、咨询公司编制。资格预审文件的主要内容有工程项目简介、对投标人的要求和各种附表。资格预审文件须报招标管理机构审核。

2）刊登资格预审公告

在建设工程交易中心及政府指定的报刊、网络发布工程招标信息，刊登资格预审公告。

资格预审公告的内容应包括工程项目名称、资金来源、工程规模、工程量、工程分包情况、投标人的合格条件,购买资格预审文件日期、地点和价格,递交资格预审投标文件的日期、时间和地点。

3)报送资格预审文件

投标人应在规定的截止时间前报送资格预审文件。

4)评审资格预审文件

由招标人负责组织评审小组(包括财务、技术方面的专门人员)对资格预审文件进行完整性、有效性及正确性的资格预审。

(1)财务方面

投标人必须有一定数量的流动资金。投标人的财务状况将根据其提交的经审计的财务报表以及银行开具的资信证明来判断,其中需要特别考虑的是承担新工程所需要的财务资源能力、进行中工程合同的数量及目前的进度、投标人必须有足够的资金承担新的工程。其财务状况必须是良好的,对承诺的工程量不应超出本人的能力。不充足的资金执行新的工程合同将导致其资格审查不合格。

(2)施工经验

施工经验是指是否承担过类似本工程项目,特别是具有特别要求的施工项目。投标人要提供近几年完成的令业主满意的相似类型、规模及复杂程度相当的工程项目施工情况。同时还要考虑投标人过去的履约情况,包括过去的项目委托人的调查书。过去承担工程中如有因投标人的责任而导致工程没有完成,将成为取消其资格的充分理由。

(3)人员

投标人所具有的工程技术和管理人员的数量、工作经验、能力是否满足本工程的要求。投标人应认真填报拟选派的主要工地管理人员和监督人员及有关资料供审查,应选派在工程项目施工方面有丰富经验的人员,特别是应选派有工程项目负责人经验、资历的人员。投标人不能派出有足够经验的人员将导致资格被取消。

(4)设备

投标人所拥有的施工设备能否满足本工程要求。投标人应清楚地填报拟投入该项目的主要设备,包括类型、制造厂家、型号。设备类型包括自有和租赁,设备类型要与工程项目的需要适配,数量和能力要满足工程施工的需要。

经过上述 4 方面的评审,对每一个投标人统一打分,得出评审结果。投标人对资格预审申请文件中所提供的资料和说明要负全部责任。如提供的情况有虚假或不能提供令招标人满意的解释,招标人将保留取消其资格的权力。

5)向投标人通知评审结果

招标人应向所有参加资格预审申请人公布评审结果。

以上资格预审程序主要适用于利用外资,如世界银行或亚洲开发银行等贷款项目。各省市的内环路、地铁、新体育馆、国际会议展览中心等重点工程项目都采用严格的资格预审,以确保有相应技术与施工能力的投标人参与竞争。

4. 资格审查文件的内容

《中华人民共和国标准施工招标资格预审文件》(2007 年版)包括资格预审公告、申请人须知、资格审查办法、资格预审申请文件格式和建设项目概况 5 章。

第一章 资格预审公告

主要包括招标条件、项目概况与招标范围、申请人资格要求、资格预审方法资格预审文件的获取、资格预审申请文件的递交、发布公告的媒介、联系方式等内容。

第二章 申请人须知

1. 申请人须知前附表。前附表编写内容及要求如下。

(1)招标人及招标代理机构的名称、地址、联系人与电话。

(2)工程建设项目基本情况,包括项目名称、建设地点、资金来源、出资比例、资金落实情况、招标范围、标段划分、计划工期、质量要求。

(3)申请人资格条件。告知申请人必须具备的工程施工资质,近年类似业绩,财务状况,拟投人员、设备等资格能力要素条件和近年发生诉讼、仲裁等履约情况及是否接受联合体投标等要求。

(4)时间安排。明确申请人提出澄清资格预审文件要求的截止时间,招标人澄清、修改资格预审文件的截止时间,申请人确认收到资格预审文件澄清和修改的时间,使申请人知悉资格预审活动的时间安排。

(5)申请文件的编写要求。明确申请文件的签字和盖章要求、申请文件的装订及文件份数,使申请人知悉资格预审申请文件的编写格式。

(6)申请文件的递交规定。明确申请文件的密封和标识要求,申请文件递交的截止时间及地点,资格审查结束后,资格预审申请文件是否退还,以使投标人能够正确递交申请文件。

(7)简要写明资格审查采用的方法,以及资格预审结果的通知时间及确认时间。

2. 总则。

总则编写要把招标工程建设项目概况、资金来源和落实情况、招标范围和计划工期及质量要求叙述清楚,声明申请人资格要求,明确申请文件编写所用的语言,以及参加资格预审过程的费用承担。

3. 资格预审文件。

(1)资格预审文件的组成。资格预审文件由资格预审公告、申请人须知、资格审查办法、资格预审申请文件格式、项目建设概况以及对资格预审文件的澄清和修改构成。

(2)资格预审文件的澄清。要明确申请人提出澄清的时间、澄清问题的表达形式,招标人的回复时间和回复方式,以及申请人对收到答复的确认时间及方式。

(3)资格预审文件的修改。明确招标人对资格预审文件进行修改、通知的方式及时间,申请人确认的方式及时间。

(4)资格预审申请文件的编制。招标人应在本处明确告知申请人,资格预审申请文件的组成内容、编制要求、装订及签字盖章要求。

(5)资格预审申请文件的递交。招标人一般在这部分明确资格预审申请文件应按统一的要求进行密封和标识,并在规定的时间和地点递交。对于没有在规定地点、截止时间前递交的申请文件,应拒绝接收。

(6)资格审查。国有资金占控股或者主导地位的依法必须进行招标的项目,由招标人依法组建的资格审查委员会进行资格审查;其他招标项目可由招标人自行进行资格审查。

(7)通知和确认。明确审查结果的通知时间及方式,以及合格申请人的回复方式及时间。

(8)纪律与监督。对资格预审期间的纪律、保密、投诉及对违纪的处置方式进行规定。

第三章 资格审查办法

1. 选择资格审查办法。资格预审方法有合格制和有限数量制两种。

2. 审查标准。审查标准包括初步审查和详细审查的标准，采用有限数量制时的评分标准。

3. 审查程序。审查程序包括资格预审申请文件的初步审查、详细审查、申请文件的澄清及有限数量制的评分等内容和规则。

4. 审查结果。资格审查委员会完成资格预审申请文件的审查，确定通过资格预审的申请人名单，向招标人提交书面审查报告。

第四章 资格预审申请文件格式

具体包括以下内容：

1. 资格预审申请函。

2. 法定代表人身份证明或其授权委托书。

3. 联合体协议书。

4. 申请人的基本情况。

5. 近年的财务状况。

6. 近年完成的类似项目情况。

7. 拟投入技术和管理人员状况。

8. 未完成和新承接项目情况。

9. 近年发生的诉讼及仲裁情况。

10. 其他材料。

第五章 建设项目概况

包括项目说明、建设条件、建设要求和其他需要说明的情况。

5. 资格审查的方法

1）合格制法

合格制法即设计一些资格条件，每个条件都是对投标人资格的一种限定，投标申请人符合资格审查文件中投标申请人全部条件的，资格审查为合格。

适用范围：一般针对具有通用技术、性能标准或者招标人对技术、性能没有特殊要求，投资规模较小的公开招标项目和邀请招标项目。

2）有限数量制法

有限数量制法是指招标人对符合资格条件的申请人做出数量限制，属于合格制与打分法相结合的方法。

适用范围：使用国有资金投资或国有资金占控股或主导地位的有特殊要求或总投资在一定规模以上的工程建设项目，潜在投标人较多时，经批准，可采用有限数量制；非国有资金投资或非国有资金占控股或主导地位的投资项目，可采用有限数量制。

6. 资格审查不能通过的情形

资格审查不能通过的情形如下：

①不按审查委员会要求澄清或说明的。

②在资格预审过程中弄虚作假、行贿或有其他违法行为的。

③申请人有下列情形之一，不能通过。

a. 为招标人不具有独立法人资格的附属机构；

b. 为本标段前期准备提供设计或咨询服务的，但总承包除外；
c. 为本标段的监理人；
d. 为本标段的代建人；
e. 为本标段提供招标代理服务的；
f. 与本标段的监理人或代建人或招标代理同为一个法定代表人；
g. 与本标段的监理人或代建人或招标代理相互控股或参股的；
h. 与本标段的监理人或代建人或招标代理相互任职或工作的；
i. 被责令停业的、暂停或取消投标资格的、财产被接管冻结的；
j. 在最近3年内有骗取中标或严重违约或重大工程质量问题的。

评价与反思

完成“典型工作环节3　编制资格预审文件”的学习表现评价和反思表。

典型工作环节名称	具体任务	学习表现评价（自评×30%＋互评×30%＋教师评价×40%）				学习表现反思	
		自评得分	评得分	教师评价得分	小计得分	学生反思	教师点评
典型工作环节3　编制资格预审文件	对资格审查方式进行比较(5分)						
	对资格审查方法进行比较(5分)						
	确定潜在投标人数量资格审查方式和方法(10分)						
	分析主要审查的因素(10分)						
	确定潜在投标人的企业门槛(10分)						
	确定潜在投标人的人员门槛(10分)						
	确定潜在投标人的经营状况(10分)						
	编制电子资格预审文件(25分)						
	资格预审文件备案(5分)						
	完成资格审查前的准备工作(5分)						
	申请资审专家(5分)						

续表

签字	自评人签字：	互评人签字：	教师签字：
最终得分			
累计得分			
对自己未来学习表现有何期待			

巩固训练

1. 选择题

(1)下列选项中,不是资格预审文件评审内容的是(　　)。(单选)

A. 财务报表　　B. 施工经验　　C. 设备　　D. 专利

(2)根据国务院有关部门对资格预审的要求和《中华人民共和国标准施工招标资格预审文件》(2007 年版)的规定,资格预审的首要程序一般是(　　)。(单选)

A. 编制资格预审文件　　B. 发布资格预审公告

C. 出售资格预审文件　　D. 申请编制资格预审文件的资格

(3)根据《中华人民共和国招标投标法实施条例》,通过资格预审的申请人少于 3 个的,应当(　　)。(单选)

A. 暂停招标　　B. 增加申请人　　C. 重新招标　　D. 直接发包

(4)下列有关资格预审和资格后审的阐述,正确的是(　　)。(单选)

A. 一般情况下,进行资格预审的不再进行资格后审

B. 资格预审和资格后审的内容与标准不同

C. 资格预审提高了招标人的采购成本

D. 资格后审是指在定标后对投标人进行资格审查

(5)下列选项中,不属于资格审查原则的是(　　)。(单选)

A. 科学　　B. 合适　　C. 适用　　D. 性价比

(6)下列选项中,属于资格预审的方法有(　　)。(多选)

A. 邀请招标　　B. 公开招标　　C. 合格制法　　D. 有限数量制法

(7)下列资格审查不能通过的情形有(　　)。(多选)

A. 不按审查委员会要求澄清或说明的

B. 在资格预审过程中弄虚作假、行贿或有其他违法行为的

C. 申请人为本标段的监理人的

D. 为本标段提供招标代理服务的

(8)下列选项中,属于资格审查方式的有(　　)。(多选)

A. 资格预审　　B. 资格后审　　C. 资格中审　　D. 资格评审

(9)下列选项中,关于编制资格预审文件的说法正确的有(　　)。(多选)

A. 招标人可委托设计单位、咨询公司编制资格预审文件

B. 资格预审文件的主要内容有工程项目简介、对投标人的要求和各种附表

C. 资格预审文件须报招标管理机构审核

D. 由招标人组织有关专家人员编制资格预审文件

(10) 资格预审公告包括的内容有（　　）。（多选）

A. 工程项目名称　B. 资金来源　C. 工程规模　D. 投标人的合格条件

E. 购买资格预审文件日期、地点和价格

2. 案例题

(1) 某地政府投资工程采用委托招标方式组织施工招标。依据相关规定，资格预审文件采用《中华人民共和国标准资格预审文件》（2007 版）编制。招标人共收到 16 份资格预审申请文件，其中 2 份资格预审申请文件是在资格预审申请截止时间后 2 分钟收到的。招标人按照以下程序组织了资格审查：

①组建资格审查委员会，由审查委员会对资格预审申请文件进行评审和比较。审查委员会由 5 人组成，其中招标人代表 1 人，招标代理机构代表 1 人，政府相关部门组建的专家库中抽取技术、经济专家 3 人。

②对资格预审申请文件外封装进行检查，发现 2 份资格预审申请文件的封装、1 份资格预审申请文件封套盖章不符合资格预审文件的要求，这 3 份资格预审申请文件为无效申请文件。审查委员会认为只要在资格审查会议开始前送达的申请文件均为有效，2 份在资格预审申请截止时间后送达的申请文件，由于其外封装和标识符合资格预审文件要求，为有效资格预审申请文件。

③对资格预审申请文件进行初步审查。发现有 1 家申请人使用的施工资质为其子公司资质，还有 1 家为联合体申请人，其中 1 个成员又单独提交了 1 份资格预审申请文件。审查委员会认为这 3 家申请人不符合相关规定，不能通过初步审查。

④对通过初步审查的资格预审申请文件进行详细审查。审查委员会依照资格预审文件中确定的初步审查事项，发现有 1 家申请人的营业执照副本（复印件）已经超出有效期，于是要求这家申请人提交营业执照的原件进行核查。在规定时间内，该申请人将其重新申办的营业执照原件交给审查委员会核查，被确认为合格。

⑤审查委员会经过上述审查程序，确认以上第②③两步的 10 份资格预审申请文件通过了审查，并向招标人提交了资格预审书面审查报告，确定了通过资格审查的申请人名单。

问题：

①招标人组织的上述资格审查程序是否正确？为什么？如果不正确，给出一个正确的资格审查程序。

②审查过程中，审查委员会的做法是否正确？为什么？

③如果资格预审文件中规定确定 7 名资格审查合格的申请人参加投标，招标人是否可以在上述通过资格预审的 10 人中直接确定，或者采用抽签方式确定 7 人参加投标？为什么？正确的做法是什么？

(2) 北京市政府已批准兴建一所医院工程，现就该工程的施工面向社会公开招标。本次招标工程项目的概况为：建筑规模约 18 000 万元；建筑面积约 200 000 m^2；主楼采用框架结

构;建设地点在四环以外;招标范围:土建和所有专业安装工程。工程质量要求达到国家施工验收规范合格标准。凡对本工程感兴趣的施工单位均可向招标人提出资格预审申请。

问题:

①《中华人民共和国招标投标法》中规定的招标方式有哪几种?

②简述招标人对投标人进行资格预审的程序。

(3)某办公楼工程项目为依法必须进行公开招标的项目,招标人在资格预审公告中表明将选择不多于7名潜在投标人参加投标。资格预审文件中规定资格审查分为“初步评审”和“详细评审”两步,其中初步评审中给出了详细的评审因素和评审标准,但详细评审中未规定具体的评审因素和标准,仅注明“在对企业实力、技术装备、人员状况、项目经理的业绩和现场考察的基础上进行综合评议,确定投标人名单”。

该项目有10个潜在投标人购买了资格预审文件,并在资格预审申请截止时间前递交了资格预审申请文件。招标人依照相关规定组建了资格审查委员会,对递交的资格预审申请文件进行初步审查,结论均为“合格”。在详细审查过程中,资格审查委员会没有依据资格预审文件中对通过初步审查的申请人逐一进行评审和比较,而去掉3个评审最差的申请人的方法。其中一个申请人为区县级施工企业,评委认为其实力较差;还有一个申请人据说爱打官司,合同履约信誉差,审查委员会一致同意将这两个申请人判为不通过资格审查。审查委员会对剩余的8位申请人找不出理由确定哪个申请人不能通过资格审查,后一致同意采取抓阄的方式确定,从而最终确定了7个申请人为投标人。

问题:

(1)招标人在上述资格预审过程中存在哪些不正确的地方?为什么?

(2)审查委员会在上述审查过程中存在哪些不正确的做法?为什么?

典型工作环节4　编制招标文件

具体任务

任务1:市场经理结合相关的法律法规,完成以下问题。

①依法必须招标的项目,招标条件是什么?

②招标公告和投标邀请书分别适用于什么项目?二者的区别是什么?

③招标公告发布后，已有招标人购买了招标文件，招标人发现招标文件中有实质性错误，应该如何处理？

任务2：编制招标工程量清单。

商务经理根据案例工程图纸，利用广联达BIM土建计量平台GTJ2021或广联达BIM安装计量GQI2021软件完成分部分项工程量和单价措施项目工程量统计，并在GCCP6.0软件中完成电子招标书的编制。

招标文件编制软件操作

任务3：确定技术标准。

技术经理根据项目所在地区，收集国家、行业、地方3个层级的规范、标准和规程，根据规程，确定案例工程适用的技术标准。

任务4：编制招标文件。

项目经理带领团队成员根据案例工程信息，结合招投标相关法律法规和招标计划成果，利用电子招标文件编制工具软件完成BIM招标文件编制。BIM招标文件包括但不限于以下内容：封面、目录、招标邀请书（招标公告）、投标人须知、评标办法、合同条款及格式、技术标准和要求、投标文件格式，评标方法中须制定详细的评分细则（尤其是针对BIM技术的应用及实施保障措施、BIM实施业绩等与BIM相关的评审标准；同时，技术标评审模块不少于6个子模块），导入工程量清单和工程图纸，并生成一份电子版招标文件（BJZ格式文件和PDF格式文件）。相关参数及条款的设置如图2.24—图2.29所示。招标工程量清单的导入如图2.30所示。电子招标文件的编制如图2.31所示。

图2.24　电子招标文件编制参数设置

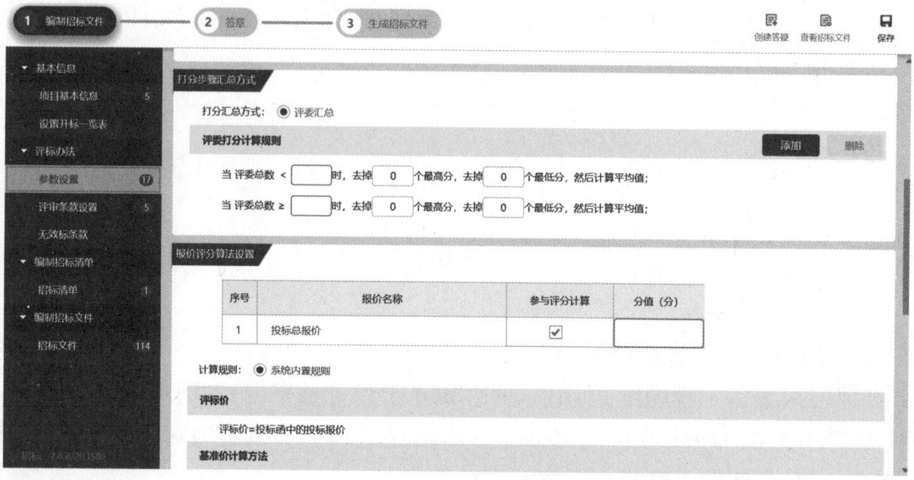

图 2.25　电子招标文件编制打分参数设置

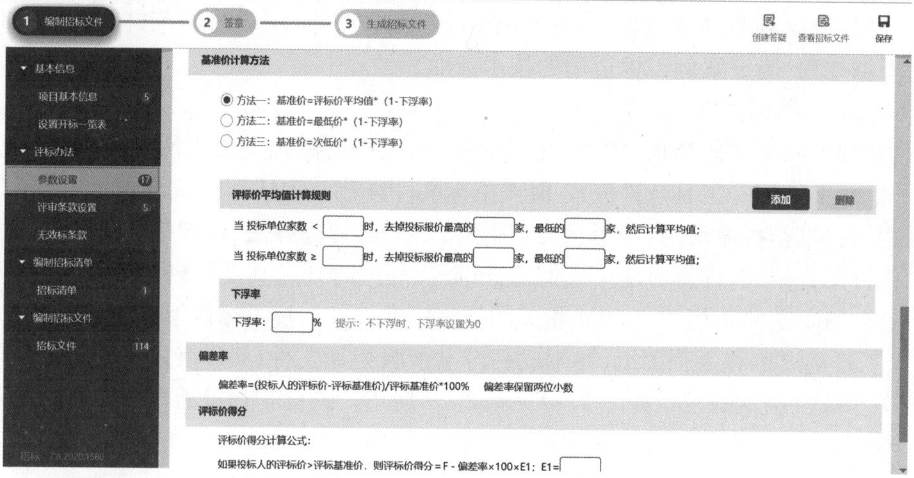

图 2.26　基准价参数设置

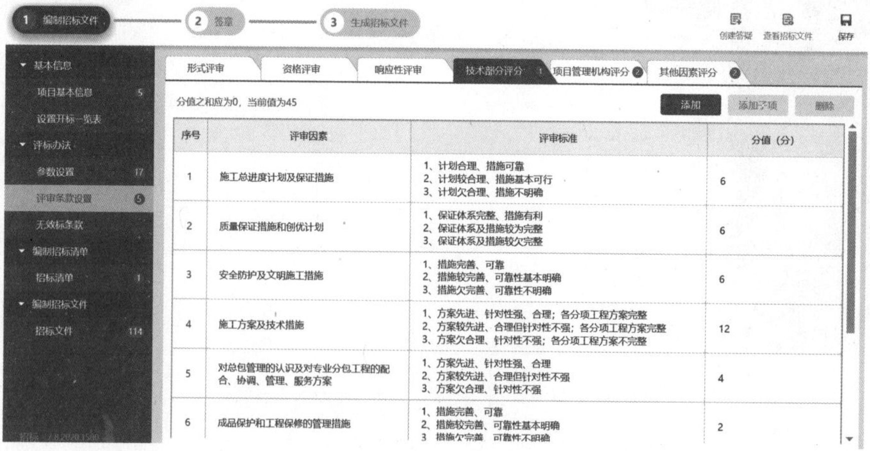

图 2.27　技术部分评分评审条款设置

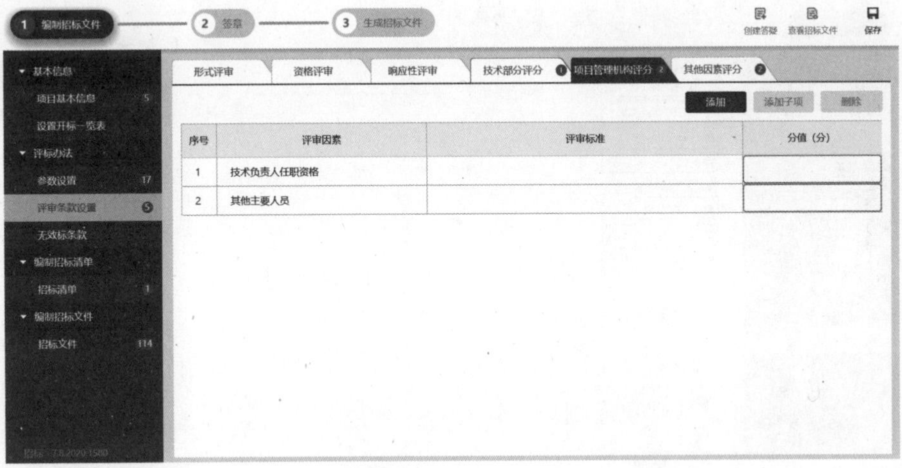

图2.28　项目管理机构评分评审条款设置

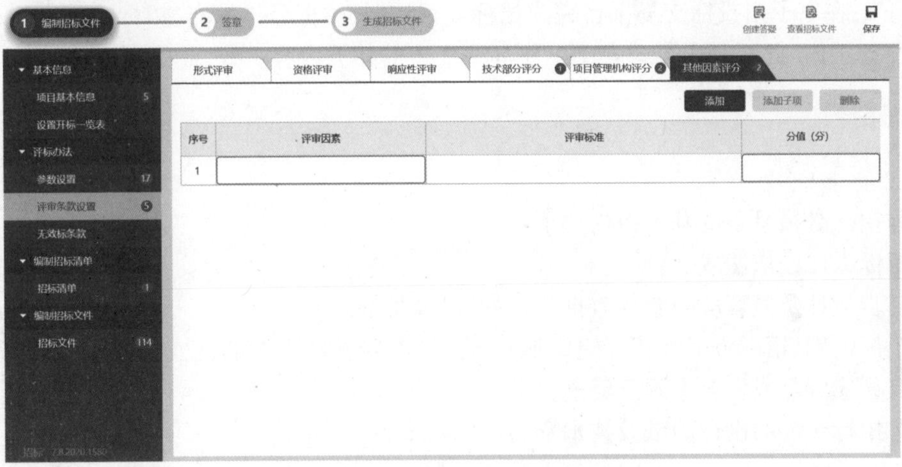

图2.29　其他因素评分评审条款设置

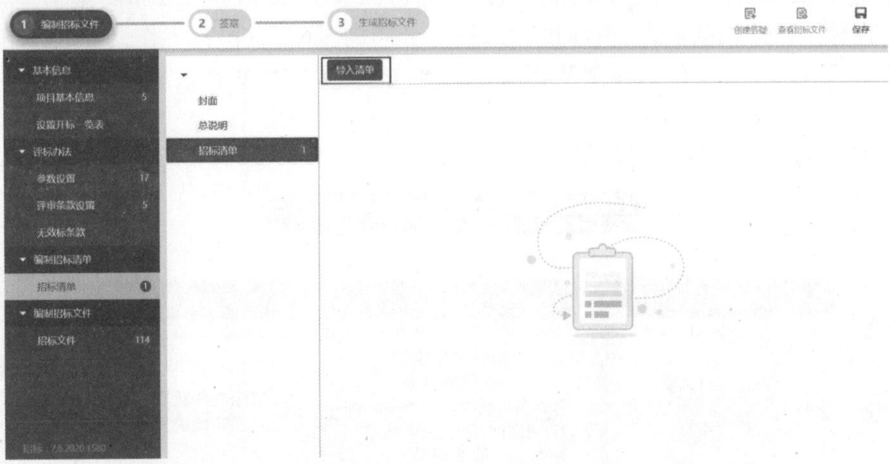

图2.30　导入招标工程量清单

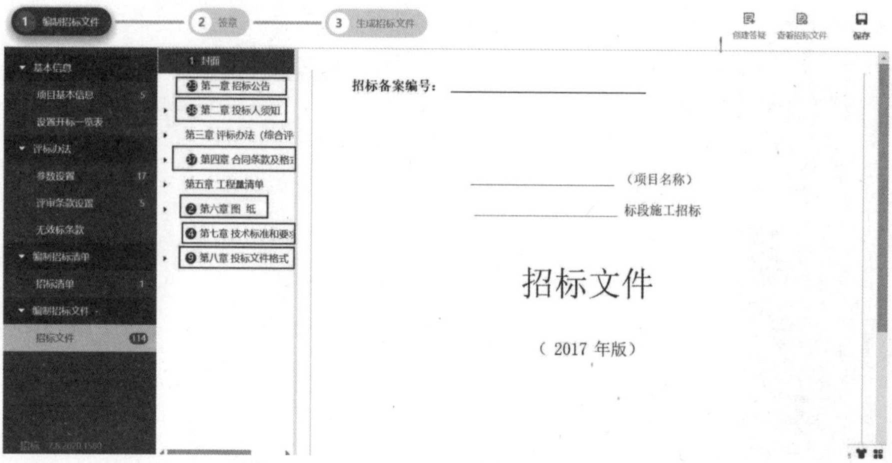

图 2.31　电子招标文件编制

任务 5：在电子招投标交易平台完成招标项目注册、招标公告发布、招标文件发售，以及开标前的准备工作（此部分内容与典型工作环节 2 中的相关内容一致，此处不再赘述）

学习资料

招标文件管理、最高投标限价

招标文件的组成

1. 工程招标必须具备的基本条件

工程招标必须具备的基本条件如下：

①招标人已经依法成立。

②初步设计及概算应当履行审批手续的，已经批准。

③招标范围、招标方式和招标组织形式等应当履行核准手续的，已经核准。

④有相应资金或资金来源已经落实。

⑤有招标所需的设计图纸及技术资料。

2. 招标文件的组成内容及其编制要求

招标文件由招标人或招标人委托的招标代理机构编制，由招标人发布。招标文件是投标文件的编制依据、招标投标人签订合同的基础，对招标工作乃至发承包双方都具有约束力，因此，招标文件的编制及其内容必须符合国家有关法律法规的规定。

1）施工招标文件的编制内容

（1）招标公告或投标邀请书的内容（图 2.32）

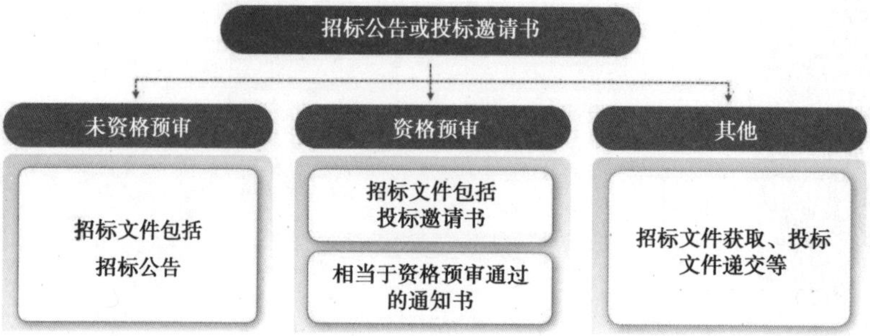

图 2.32　招标公告或投标邀请书的内容

招标公告的主要内容包括招标条件、项目概况与招标范围、投标人资格要求、招标文件的获取、投标文件的递交、发布公告的媒介等。

投标邀请书的主要内容包括招标条件、项目概况与招标范围、投标人资格要求、招标文件的获取、投标文件的递交及确认等。

(2)投标人须知

投标人须知内容如图2.33、表2.13所示。

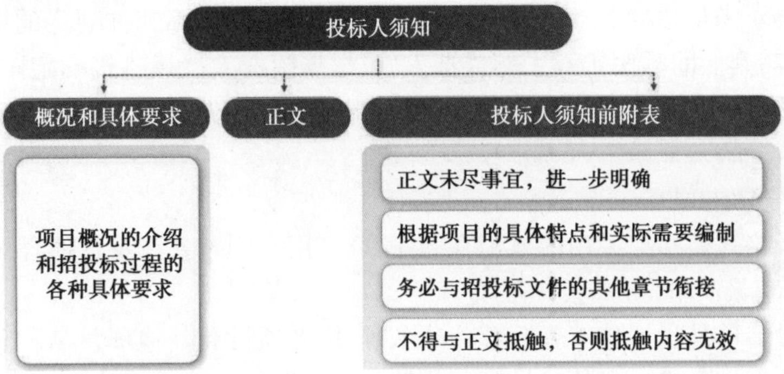

图2.33　投标人须知内容

表2.13　投标人须知内容表

总则	项目概况、资金来源和落实情况、招标范围、计划工期和质量要求的描述，投标人资格要求，对费用承担、保密、语言文字、计量单位等内容的约定，对现场踏勘、投标预备会的要求，以及对分包和偏离问题的处理
招标文件	招标文件的构成以及澄清和修改的规定
投标文件	投标文件的组成，投标报价编制的要求，投标有效期和投标保证金的规定，需要提交的资格审查资料，是否允许提交备选投标方案，以及投标文件编制所应遵循的标准格式要求
投标	投标文件的密封和标识、递交、修改及撤回的各项要求； 明确投标准备时间，即自招标文件发出之日起至投标人提交投标文件截止之日止，最短不得少于20日。采用电子招标投标在线提交投标文件的，最短不得少于10日
开标	开标的时间、地点和程序
评标	评标委员会的组建方法，评标原则和采取的评标办法(不包括评标委员会名单)
合同授予	拟采用的定标方式，中标通知书的发出时间，要求承包人提交的履约担保和合同的签订时限
重新招标和不再招标	重新招标和不再招标的条件
纪律和监督	对招标过程各参与方的纪律要求
需要补充的其他内容	

(3)评标办法

评标办法包括经评审的最低投标价法和综合评估法。

①经评审的最低投标价法。

评标委员会对满足招标文件实质要求的投标文件,根据规定的量化因素及量化标准进行价格折算,按照经评审的投标价由低到高的顺序推荐中标候选人,或根据招标人授权直接确定中标人,但投标报价低于其成本的除外。经评审的投标价相等时,投标报价低的优先;投标报价也相等的,由招标人自行确定。

②综合评估法。

评标委员会对满足招标文件实质要求的投标文件,按照招标文件规定的评分标准进行打分,并按得分由高到低的顺序推荐中标候选人,或根据招标人授权直接确定中标人,但投标报价低于其成本的除外。综合评分相等时,以投标报价低的优先;投标报价也相等的,由招标人自行确定。

(4)合同条款及格式

合同条款及格式是指拟采用的通用合同条款、专用合同条款以及各种合同附件的格式。

(5)招标工程量清单(最高投标限价)

招标工程量清单是指拟建工程分部分项工程、措施项目和其他项目名称和相应数量的明细清单。它是编制最高投标限价和投标报价的重要依据。按规定应编制最高投标限价的,应在招标时一并公布。

(6)图纸

招标人提供用于计算最高投标限价和投标报价所必需的各种详细程度的图纸,是指招标工程施工用的全部图纸,是进行施工的依据,也是进行施工管理的基础。招标人应将招标工程的全部图纸编入招标文件,供投标人全面了解招标工程的情况,以便编制投标文件。

(7)技术标准和要求

招标人在编制招标文件时,为了保证工程质量,需要向投标人提出使用工程建设标准的要求,可按现行的国家、地方、行业工程建设标准、技术规范执行。

技术标准需符合国家强制性规定。招标文件中规定的各项技术标准均不得要求或标明某一特定的专利、商标、名称、设计、原产地或生产供应者,不得含有倾向或者排斥潜在投标人的其他内容。如果必须引用某一生产供应商的技术标准才能准确或清楚地说明拟招标项目的技术标准,则应当在参照后面加上"或相当于"的字样。

(8)投标文件格式

投标文件格式是由招标人在招标文件中提供,由投标人按照招标文件所提供统一规定的格式无条件填写的,用以表达参与招标工程投标意愿的文件。

这种由招标人在招标文件中提供的统一的投标文件格式平等对待所有投标人,若投标人不按此格式进行投标文件的编制,则视为未实质性响应招标文件而被判为投标无效,或成为废标。

(9)规定的其他材料

如需其他材料,则应在"投标人须知前附表"中予以规定。

2)招标文件的澄清和修改

(1)招标文件的澄清

投标人认为招标文件存在问题需要澄清的,应在规定的澄清质疑截止时间前向招标人提出。招标人认为确有问题需要修改招标文件的,应以书面形式通知所有购买招标文件的潜在投标人。投标人收到澄清修改的书面文件后,应在规定时间内以书面形式回复招标人已收到澄清。

(2)招标文件的修改

招标文件的修改时间节点如图2.34所示。

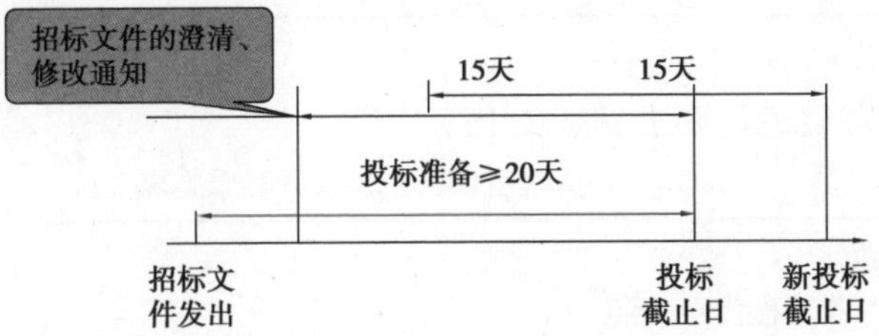

图2.34 招标文件的修改时间节点图

如果澄清或修改发出的时间距投标截止时间不足15天,则相应顺延提交投标文件的截止时间。

3. 招标工程量清单的编制

1)招标工程量清单的编制依据

①《建设工程工程量清单计价规范》(GB 50500—2013)和相关工程的国家计量规范。

②国家或省级、行业主管部门颁发的计价定额和办法。

③建设工程设计文件及相关材料。

④与建设工程有关的标准、规范、技术资料。

⑤拟定的招标文件。

⑥施工现场情况、地勘水文资料、工程特点及常规施工方案。

⑦其他相关资料。

2)招标工程量清单的编制内容

招标工程量清单的编制内容见表2.14。

表2.14 招标工程量清单的编制内容

序号	内容
1	分部分项工程费 = ∑(分部分项工程量 × 相应分部分项综合单价)
2	措施项目费 = ∑ 各措施项目费
3	其他项目费 = 暂列金额 + 暂估价 + 计日工 + 总承包服务费
4	单位工程造价 = 分部分项工程费 + 措施项目费 + 其他项目费 + 规费 + 税金
5	单项工程造价 = ∑ 单位工程造价
6	建设项目总造价 = ∑ 单项工程造价

(1)分部分项工程项目清单编制

分部分项工程项目清单是拟建工程分部分项工程项目名称和相应数量的明细清单。分部分项工程和单价措施项目清单与计价表见表2.15,招标人负责5项内容。

表 2.15　分部分项工程和单价措施项目清单与计价表

工程名称：　　　　　　　　　标段：　　　　　　　　　　第　　页,共　　页

<table>
<tr><th rowspan="2">序号</th><th rowspan="2">项目编码</th><th rowspan="2">项目名称</th><th rowspan="2">项目特征描述</th><th rowspan="2">计量单位</th><th rowspan="2">工程量</th><th colspan="3">金额</th></tr>
<tr><th>综合单价</th><th>合价</th><th>其中:暂估价</th></tr>
<tr><td></td><td></td><td></td><td></td><td></td><td></td><td></td><td></td><td></td></tr>
</table>

清单项目名称和项目编码要求见表 2.16。

表 2.16　清单项目名称和项目编码要求

项目编码	五级十二位编码： • 一级:表示专业工程代码,两位。 • 二级:表示附录分类顺序码,两位。 • 三级:表示分部工程顺序码,两位。 • 四级:表示分项工程项目名称顺序码,三位。 • 五级:表示清单项目名称顺序编码,三位。 根据拟建的工程量清单项目名称设置,前四级全国统一,不得重码;同一招标工程的项目编码不得有重码
项目名称	按计算规范附录的项目名称结合拟建工程的实际确定。 在分部分项工程项目清单中列出的项目,应是在单位工程的施工过程中以其本身构成该单位工程实体的分项工程。 注意： • 图纸中有体现、计算规范附录中有对应项目的,根据附录列项,计算工程量,确定项目编码; • 图纸中有体现,但计算规范附录中没有,并且在附录项目的“项目特征”或“工程内容”中也没有提示的,必须补充项目,在清单中单独列项并在编制说明中注明,计算规范代码 + B00 ×

(2)措施项目清单编制

措施项目清单是指为完成工程项目施工,发生于该工程施工准备和施工过程中的技术、生活、安全、环境保护等方面的项目清单。

①单价措施项目:编制分部分项工程和单价措施项目清单与计价表。

②总价措施项目:编制总价措施项目清单与计价表,如安全文明施工费、冬雨季施工、已完工程设备保护费等。

若出现计价规范中未列的项目,可根据工程实际情况补充。措施项目清单的设置要考虑拟建工程的施工组织设计、施工技术方案、相关的施工规范与施工验收规范、招标文件中提出的某些必须通过一定的技术措施才能实现的要求等,设计文件中一些不足以写进技术方案的但要通过一定的技术措施才能实现的内容。

(3)其他项目清单的编制

其他项目清单是指应招标人的特殊要求而发生的与拟建工程有关的其他费用项目和相应数量的清单。影响因素包括工程建设标准的高低、复杂程度、工期长短、工程的组成内容、发包人对工程管理的要求等。

①暂列金额:包括在合同中的一笔款项,用于合同签订时尚未确定或者不可预见的所需材料、工程设备、服务的采购,施工中可能发生的工程变更、合同约定调整因素出现时的合同价款调整以及发生的索赔、现场签证确认等的费用。暂列金额应根据施工图纸的深度、暂估价设定的水平、合同价款约定调整的因素以及工程实际情况合理确定。

暂列金额由招标人填写项目名称、计量单位、暂定金额等,不能详列的,也可只列总额。暂列金额为分部分项工程费的10% ~15%,不同专业分别列项,由招标人支配,实际发生才支付。

②暂估价:支付必然要发生但暂时不能确定价格的材料、工程设备的单价以及专业工程的金额。暂估价可分为材料、工程设备的暂估单价(纳入分部分项工程量项目综合单价)和专业工程的金额(综合暂估价,含管理费、利润)。

③计日工:在施工过程中,承包人完成发包人提出的工程合同范围以外的零星工作或项目,按合同中约定的综合单价计价。计日工为额外工作的计价提供了一个方便快捷的途径。计日工计价是综合单价(不含规费和税金),在编制招标工程量清单时,由招标人提供暂定的数量。

计日工费用的计算如下:

最高投标限价:暂定的数量×计日工单价(信息价);

投标报价:暂定的数量×计日工单价(已标价清单中的);

计日工结算:实际签证确认的量×计日工单价(已标价清单中的)。

④总承包服务费:总承包人为配合、协调建设单位进行的专业工程发包,对建设单位自行采购的材料、工程设备等进行保管以及施工现场管理、竣工资料汇总整理等服务所需的费用。招标人按照投标人的报价支付该项费用。

(4)工程量清单总说明的编制

工程量清单总说明的编制说明见表2.17。

表2.17　工程量清单总说明

工程概况	建设规模是指建筑面积
	工程特征应说明基础及结构类型、建筑层数、高度、门窗类型及各部位装饰、装修做法
	计划工期是根据工程实际需要而安排的施工天数
	施工现场实际情况是指施工场地的地表状况
	自然地理条件是指建筑场地所处地理位置的气候及交通运输条件
	环境保护要求是针对施工噪声及材料运输可能对周围环境造成的影响和污染所提出的防护要求
工程招标及分包范围	招标范围是指单位工程的招标范围,如建筑工程招标范围为“全部建筑工程” 工程分包是指特殊工程项目的分包,如招标人自行采购安装“铝合金门窗”等
工程量清单编制依据	《建设工程工程量清单计价规范》(GB 50500—2013)、设计文件、招标文件、施工现场情况、工程特点及常规施工方案等
工程质量、材料、施工等的特殊要求	工程质量的要求是指招标人要求拟建工程的质量应达到合格或优良标准; 对材料的要求是指招标人根据工程的重要性、使用功能及装饰装修标准提出,诸如对水泥的品牌、钢材的生产厂家、花岗石产地、品牌等的要求; 施工要求一般是指建设项目中对单项工程的施工顺序等的要求

(5)招标工程量清单汇总

5 项清单编制完成以后,审查复核,与工程量清单封面及总说明汇总并装订,由相关负责人签字和盖章,形成完整的招标工程量清单文件。

评价与反思

完成“典型工作环节 4　编制招标文件”的学习表现评价和反思表。

<table>
<tr><th rowspan="2">典型工作环节名称</th><th rowspan="2">具体任务</th><th colspan="4">学习表现评价
(自评×30%+互评×30%+教师评价×40%)</th><th colspan="2">学习表现反思</th></tr>
<tr><th>自评得分</th><th>互评得分</th><th>教师评价得分</th><th>小计得分</th><th>学生反思</th><th>教师点评</th></tr>
<tr><td rowspan="7">典型工作环节 4　编制招标文件</td><td>法律法规梳理(10 分)</td><td></td><td></td><td></td><td></td><td></td><td></td></tr>
<tr><td>利用广联达 BIM 土建计量平台 GTJ2021 软件完成分部分项工程量和单价措施项目工程量统计(20 分)</td><td></td><td></td><td></td><td></td><td></td><td></td></tr>
<tr><td>确定工程技术标准(15 分)</td><td></td><td></td><td></td><td></td><td></td><td></td></tr>
<tr><td>编制电子招标文件(40 分)</td><td></td><td></td><td></td><td></td><td></td><td></td></tr>
<tr><td>完成招标项目注册(5 分)</td><td></td><td></td><td></td><td></td><td></td><td></td></tr>
<tr><td>完成发布招标公告、发售招标文件(5 分)</td><td></td><td></td><td></td><td></td><td></td><td></td></tr>
<tr><td>完成开标前标室预约及评标专家申请(5 分)</td><td></td><td></td><td></td><td></td><td></td><td></td></tr>
<tr><td colspan="2">签字</td><td colspan="3">自评人签字:</td><td colspan="2">互评人签字:</td><td>教师签字:</td></tr>
<tr><td colspan="5">最终得分</td><td colspan="3"></td></tr>
<tr><td colspan="5">累计得分</td><td colspan="3"></td></tr>
<tr><td colspan="5">对自己未来学习表现有何期待</td><td colspan="3"></td></tr>
</table>

巩固训练

1. 选择题

(1)根据《中华人民共和国标准施工招标资格预审文件》(2007 年版)进行资格预审的施工招标文件应包括(　　)。(单选)

A. 招标公告　　B. 投标资格条件　　C. 投标邀请书　　D. 评标委员会名单

(2)在招标投标过程中,载明招标文件获取方式的应是(　　)。(单选)

A. 招标公告　　B. 资格预审公告　　C. 招标文件　　D. 投标文件

(3)关于施工招标文件的疑问和澄清,下列说法正确的是(　　)。(单选)

A. 投标人可以口头方式提出疑问

B. 投标人不得在投标截止前的 15 日内提出疑问

C. 投标人收到澄清后的确认时间应按绝对时间设置

D. 招标文件的书面澄清应发给所有投标人

(4)评标办法主要包括(　　)。(多选)

A. 经评审的最低投标价法　　B. 专家打分法

C. 综合评估法　　D. 层次分析法

(5)关于招标文件的澄清和修改,下列说法错误的是(　　)。(单选)

A. 投标人如发现有问题,应及时向招标人提出

B. 应在规定的时间前以书面或者邮件的形式要求招标人对招标文件进行澄清

C. 发给所有购买的投标人,不指明澄清问题来源

D. 投标人收到澄清后,应在规定时间内以书面形式通知招标人

(6)如果澄清或修改发出的时间距投标截止时间不足(　　)天,则相应顺延提交投标文件的截止时间。(单选)

A. 5　　B. 10　　C. 15　　D. 20

(7)关于招标工程量清单中分部分项工程量清单的编制,下列说法正确的是(　　)。(单选)

A. 所列项目应是施工过程中以其本身构成工程实体的分项工程或可以精确计量的措施分项项目

B. 拟建施工图纸有体现,但专业工程量计算规范附录中没有对应项目的,必须编制这些分项工程的补充项目

C. 补充项目的工程量计算规则,应符合“计算规则要具有可计算性”且“计算结果要具有唯一性”的原则

D. 采用标准图集的分项工程,其特征描述应直接采用“详见××图集”方式

(8)根据《建设工程工程量清单计价规范》(GB 50500—2013),关于分部分项工程项目清单的编制,下列说法正确的有(　　)。(多选)

A. 项目编码应按照计算规范附录给定的编码

B. 项目名称应按照计算规范附录给定的名称

C. 项目特征描述应满足确定综合单价的需要

D. 补充项目应有两个或两个以上的计量单位

E. 工程量计算应按一定顺序依次进行

(9)下列费用中,属于招标工程量清单中其他项目清单编制内容的是(　　)。(多选)

A. 暂列金额　　B. 暂估价　　C. 计日工　　D. 总承包服务费

E. 措施费

(10)编制招标工程量清单时,应根据施工图纸的深度、暂估价的设定水平、合同价款约定调整因素以及工程实际情况合理确定的清单项目是(　　)。(单选)

A. 措施项目清单　　B. 暂列金额　　C. 专业工程暂估价　　D. 计日工

2. 案例题

某省属高校投资建设一幢建筑面积为 30 000 m^2 的普通教学楼,拟采用工程量清单以公开招标方式进行施工招标。业主委托具有相应资质的某造价咨询企业编制招标文件和最高投标限价(该项目的最高投标限价为 9 500 万元)。

咨询企业编制招标文件和最高投标限价过程中,发生如下事件:

事件 1:为了响应业主对潜在投标人择优选择的高要求,咨询企业的项目经理在招标文件中设置了以下几项内容:

①投标人的资格条件之一为:投标人近 5 年必须承担过高校教学楼工程;

②投标人近 5 年获得过鲁班奖、本省省级质量奖等奖项作为加分条件;

③项目的投标保证金为 70 万元,且投标保证金必须从投标企业的基本账户转出;

④中标人的履约保证金为最高投标限价的 10%。

事件 2:项目经理认为招标文件中的合同条款是基本的粗略条款,只需将政府有关管理部门出台的施工合同示范文本添加项目基本信息后附在招标文件中即可。

事件 3:在招标文件编制人员研究本项目的评标办法时,项目经理认为所在咨询企业以往代理的招标项目更常采用综合评估法,遂要求编制人员采用综合评估法。

事件 4:为控制投标报价的价格水平,咨询企业和业主商定,以代表省内先进水平的 A 施工企业的企业定额作为主要依据,编制了本项目的最高投标限价。

事件 5:该咨询企业技术负责人在审核项目成果文件时发现项目工程量清单中存在漏项,要求做出修改。项目经理解释说第二天需要向委托人提交成果文件且合同条款中已有关于漏项的处理约定,故不用修改。

事件 6:该咨询企业的负责人认为最高投标限价不需保密,因此又接受了某拟投标人的委托,为其提供该项目的投标报价咨询。

问题:

(1)针对事件 1,逐一指出咨询企业项目经理为响应业主要求提出的①—④项内容是否妥当,并说明理由。

(2)针对事件 2—事件 6,分别指出相关人员的行为或观点是否正确或妥当,并说明理由。

典型工作环节5　编制最高投标限价

具体任务

任务1:说明编制最高投标限价的优点。

任务2:简述最高投标限价的组成。

任务3:根据案例工程项目情况,利用GCCP6.0计价软件完成最高投标限价的编制。

序号	汇总内容	金额/元
1	分部分项工程	
2	措施项目	
2.1	其中:安全文明措施费	
3	其他项目费	
3.1	其中:专业工程暂估价	
3.2	其中:总承包服务费	
4	规费	
5	税金	
最高投标限价合计	1+2+3+4+5	

学习资料

最高投标限价是招标人根据招标项目内容范围、需求目标、设计图纸、技术标准、招标工程量清单等,结合有关规定、规范标准、投资计划、工程定额、造价信息、市场价格以及合理可行的技术经济实施方案,通过科学测算并在招标文件中公开招标人可接受的最高投标价格

（或最高投标价格计算方法）。

设最高投标限价的，招标文件中应明确最高投标限价或其计算方法，不得规定最低投标限价。

1. 最高投标限价的编制规定与依据

根据《建筑工程施工发包与承包计价管理办法》（住房和城乡建设部令第 16 号）规定，国有资金投资的建筑工程招标应设有最高投标限价；非国有资金投资的建设工程招标，可以设最高投标限价或招标标底。

1）最高投标限价与标底的关系

设标底招标，实际工作中容易出现漏标底、暗箱操作、不利于竞争等情况；不设标底招标，实际工作中容易出现串标、哄抬价格、低价中标后偷工减料、评标时没有依据等问题。

编制最高投标限价，可以有效控制投资，防止恶性哄抬报价带来的投资风险，提高透明度，避免暗箱操作、寻租等违法活动的发生，可使各投标人自主报价，公平竞争，符合市场规律。但是，如果最高投标限价大大高于市场平均价，就预示着中标后利润丰厚，可能导致投标人串标、围标；如果最高投标限价低于市场平均价，就会影响招标效率。

2）最高投标限价的编制规定

最高投标限价的编制规定如图 2.35 所示。

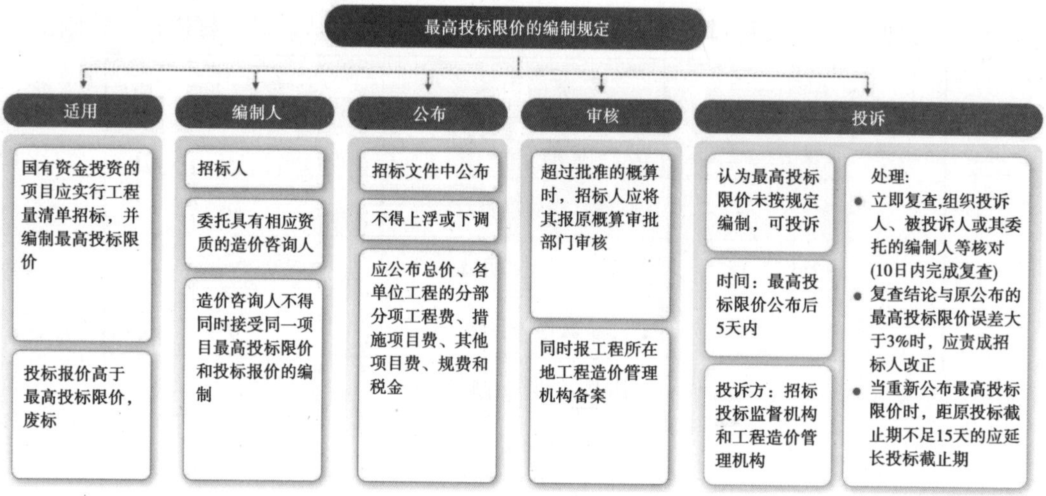

图 2.35　最高投标限价的相关规定

2. 最高投标限价的编制

1）最高投标限价的编制内容

最高投标限价由分部分项工程费、措施项目费、其他项目费、规费和税金 5 部分组成，如图 2.36 所示。其中，分部分项工程费、措施项目费、其他项目费是以综合单价的形式体现的，因此首先要进行综合单价的组价。

2）综合单价的计算公式

$$\text{工程量清单综合单价} = \frac{\sum(\text{定额项目合价}) + \text{未计价材料}}{\text{工程量清单项目工程量}}$$

$$\text{清单组价子项合价}=\text{清单组价子项工程量}\times[\sum(\text{人工消耗量}\times\text{人工单价})+\sum(\text{材料消耗量}\times\text{材料单价})+\sum(\text{机械台班消耗量}\times\text{机械台班单价})+\text{管理费和利润}]$$

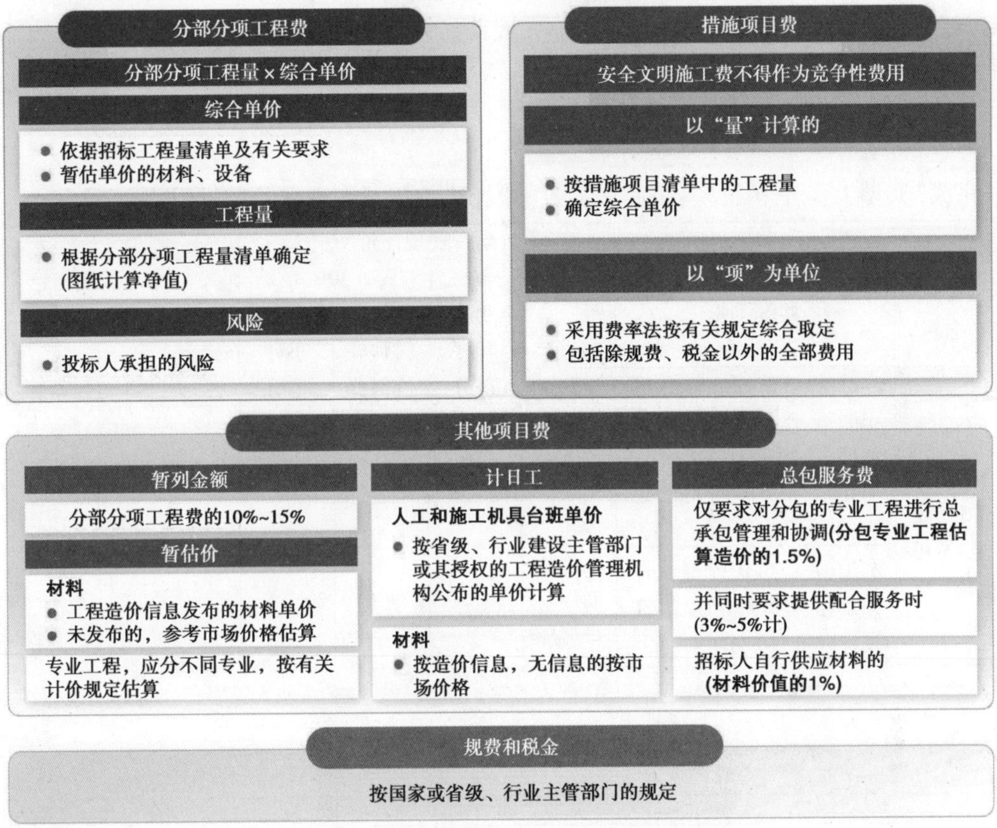

图2.36　最高投标限价的编制内容

3)综合单价的组价过程

①依据提供的工程量清单和施工图纸，确定清单计量单位所组价的子项目名称，并计算出相应的工程量。

②确定组价子目的人工、材料、施工机具台班单价(依据造价政策或信息价确定)。

③考虑风险因素、管理费率、利润率，计算组价子目合价。

④合价/清单工程量，得到综合单价。

3. 编制最高投标限价应注意的问题

①应该正确、全面地选用行业和地方的计价依据、标准、办法和市场化的工程造价信息。其中，采用的材料价格应是通过工程造价信息平台发布的材料价格，工程造价信息未发布材料单价的材料，其材料价格应通过市场调查确定。另外，未采用发布的工程造价信息时，需在招标文件或答疑补充文件中对最高投标限价采用的与造价信息不一致的市场价格予以说明，采用的市场价格则应通过调查、分析确定，有可靠的信息来源。

②施工机械设备的选型直接关系综合单价水平，应根据工程项目特点和施工条件，本着

经济实用、先进高效的原则确定。

③不可竞争的措施项目和规费、税金等费用的计算均属于强制性条款，编制最高投标限价时应按国家有关规定计算。

④不同工程项目、不同投标人会有不同的施工组织方法，所发生的措施费也会有所不同，因此，对于竞争性的措施费用的确定，招标人应首先编制常规的施工组织设计或施工方案，经科学论证后再合理确定措施项目与费用。

评价与反思

完成"典型工作环节五 5　编制最高投标限价"的学习表现评价和反思表

<table>
<tr><td rowspan="2">典型工作环节名称</td><td rowspan="2">具体任务</td><td colspan="4">学习表现评价
（自评×30%＋互评×30%＋教师评价×40%）</td><td colspan="2">学习表现反思</td></tr>
<tr><td>自评得分</td><td>互评得分</td><td>教师评价得分</td><td>小计得分</td><td>学生反思</td><td>教师点评</td></tr>
<tr><td rowspan="3">典型工作环节5　编制最高投标限价</td><td>说明编制最高投标限价的优点(20分)</td><td></td><td></td><td></td><td></td><td></td><td></td></tr>
<tr><td>简述最高投标限价的组成(20分)</td><td></td><td></td><td></td><td></td><td></td><td></td></tr>
<tr><td>利用 GCCP6.0 计价软件编制招标案例工程最高投标限价(60分)</td><td></td><td></td><td></td><td></td><td></td><td></td></tr>
<tr><td colspan="2">签字</td><td colspan="3">自评人签字：</td><td colspan="2">互评人签字：</td><td>教师签字：</td></tr>
<tr><td colspan="5">最终得分</td><td colspan="3"></td></tr>
<tr><td colspan="5">累计得分</td><td colspan="3"></td></tr>
<tr><td colspan="5">对自己未来学习表现有何期待</td><td colspan="3"></td></tr>
</table>

巩固训练

1. 选择题

(1)下列说法不正确的是(　　)。(单选)

A. 招标人自行决定是否编制标底，一个工程只有一个标底

B. 国有资金投资的建筑工程招标应设有最高投标限价

C. 非国有资金投资应设有最高投标限价或招标标底

D. 设最高投标限价的，招标文件中应明确最高投标限价或其计算方法，不得规定最低投标限价

(2)关于最高投标限价的编制，下列说法正确的是(　　)。(单选)

A. 国有企业的建设工程招标可以不编制最高投标限价

B. 对招标文件中可以不公开最高投标限价

C. 最高投标限价与标底的本质是相同的

D. 政府投资的建设工程招标时，应设最高投标限价

(3)根据《建设工程工程量清单计价规范》(GB 50500—2013)对最高投标限价的有关规定，下列说法正确的是(　　)。(单选)

A. 最高投标限价公布后根据需要可以上浮或下调

B. 招标人可以只公布最高投标限价总价，也可以只公布单价

C. 最高投标限价可以在招标文件中公布，也可以在开标时公布

D. 高于最高投标限价的投标报价应被拒绝

(4)关于最高投标限价及其编制，下列说法不正确的是(　　)。(多选)

A. 招标人不得拒绝高于最高投标限价的投标报价

B. 当重新公布最高投标限价时，原投标截止日期不变

C. 经复核认为最高投标限价误差大于 ±3% 时，投标人应责成招标人改正

D. 投标人经复核认为最高投标限价未按规定编制的，应在最高投标限价公布后 5 日内提出投诉

(5)关于编制最高投标限价时总承包服务费的可参考标准，下列说法不正确的是(　　)。(多选)

A. 招标人仅要求对分包专业工程进行总承包管理和协调时，按分包专业工程估算造价的 0.5% 计算

B. 招标人仅要求对分包专业工程进行总承包管理和协调时，按分包专业工程估算造价的 1% 计算

C. 招标人要求对分包专业工程进行总承包管理和协调，且要求提供配合服务时，按分包专业工程估算造价的 1% ~3% 计算

D. 招标人要求对分包专业工程进行总承包管理和协调，且要求提供配合服务时，按分包专业工程估算造价的 3% ~5% 计算

(6)根据《建设工程工程量清单计价规范》(GB 50500—2013)，最高投标限价的综合单价组价工作包括：①确定工、料、机单价；②确定组价子目项目名称；③计算组价子目项目的合价；④除以工程量清单项目工程量；⑤计算组价子目项目工程量。下列工作排序正确的是(　　)。(单选)

A. ②⑤①③④　　B. ①②⑤④③　　C. ②③①⑤④　　D. ①②③⑤④

(7)根据《建设工程工程量清单计价规范》(GB 50500—2013)，关于最高投标限价的编制要求，下列说法不正确的是(　　)。(多选)

A. 应依据投标人拟定的施工方案进行编制

B. 应包括招标文件中要求招标人承担风险的费用

C. 应由招标工程量清单编制单位负责编制

D. 应使用行业和地方的计价依据、标准、办法和市场化的工程造价信息

(8)招标人要求总承包人对专业工程进行统一管理和协调的，总承包人可计取总承包服务费，其取费基数为(　　)。(单选)

A. 专业工程估算造价　　B. 投标报价总额

C. 分部分项工程费用　　D. 分部分项工程费与措施项目费之和

(9)根据《建设工程工程量清单计价规范》(GB 50500—2013),最高投标限价中综合单价应考虑的风险因素包括(　　)。(多选)

A. 项目管理的复杂性　　B. 项目的技术难度

C. 人工单价的变化　　D. 材料价格的市场风险

E. 税金、规费的政策变化

(10)关于工程施工项目最高投标限价的编制注意事项,下列说法正确的有(　　)。(多选)

A. 未采用工程造价信息时应予以说明

B. 施工机械设备的选型应本着经济实用、平均有效的原则确定

C. 暂估价中的材料单价应通过市场调查确定

D. 不可竞争措施项目费应按国家有关规定计算

E. 竞争性措施项目费应依据经科学论证确认的施工组织设计或施工方案确定

2. 案例题

假定某工程的分部分项工程费为 20 000 元,单价措施项目费为 150 000.00 元,总价措施项目仅考虑安全文明施工费,安全文明施工费按分部分项工程费的 3.5% 计取;其他项目考虑基础基坑开挖的土方、护坡、降水专业工程,暂估价为 110 000.00 元(另计 5% 总承包服务费);人工费占比分别为分部分项工程费的 8%、措施项目费的 15%;规费按照人工费的 21% 计取,增值税税率按 9% 计取。按《建设工程工程量清单计价规范》(GB 50500—2013)的要求,列式计算安全文明施工费、措施项目费、人工费、总承包服务费、规费、增值税,并填写"单位工程最高投标限价汇总表",编制该单位工程最高投标限价。(上述问题中提及的各项费用均不包含增值税可抵扣进项税额,计算结果均保留两位小数)

单位工程最高投标限价汇总表

序号	汇总内容	金额(元)	其中暂估价(元)
1	分部分项工程		
2	措施项目		
2.1	其中:安全文明措施费		
3	其他项目费		
3.1	其中:专业工程暂估价		
3.2	其中:总承包服务费		
4	规费		
5	税金		
最高投标限价合计	1+2+3+4+5		

项目3　投标业务

◇知识目标

1. 掌握工程施工投标的程序、环节、策略；
2. 掌握投标项目施工方案的内容及编制方法；
3. 掌握投标报价的技巧及编制方法。

◇能力目标

1. 能够申报资格预审并利用电子投标文件编制工具编制资格预审申请文件；
2. 能够完成 BIM 商务标的编制；
3. 能够完成 BIM 技术标的编制；
4. 能够运用电子投标文件编制工具编制投标文件。

◇素养目标

1. 培养学生团队合作的能力；
2. 培养学生职业意识、责任意识和精益求精的工匠精神；
3. 培养学生规范意识，养成实事求是、严谨、认真的工作习惯。

典型工作环节1　编制资格预审申请文件

具体任务

任务1：工程项目投标报名。项目经理带领团队成员在广联达电子招投标项目交易平台完成工程项目投标报名，如图3.1所示。

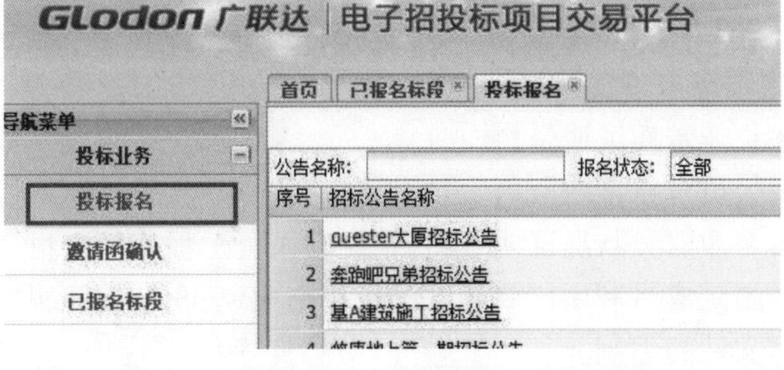

查看招标公告及投标报名

图3.1　投标报名

任务 2：获取资格预审文件。在已报名标段下载资格预审文件，如图 3.2 所示。

图 3.2　获取资格预审文件

任务 3：分析资格预审文件。项目经理带领团队成员，针对在线获取的资格预审文件进行分析，并做好相应记录，完成表 3.1。

表 3.1　资格预审文件重点内容记录

条件	资格预审文件要求
企业资质条件	
资格预审申请文件递交方式及份数	
签字盖章要求	
质疑截止日期	
资格预审申请文件递交截止日期	
项目负责人条件	
项目技术负责人条件	
管理人员条件	
机械设备条件	
需要作出的承诺	
业绩要求	
财务要求	
评审方式	
其他要求	

任务 4：编制资格预审申请文件。

①市场经理准备企业资质证明资料。

②技术经理准备人员资格证明资料、机械设备资料。

③商务经理准备企业财务状况证明资料、企业和人员工程业绩资料。

④项目经理带领团队成员利用广联达电子投标书编制工具软件，共同完成电子版资格预审申请文件的编制。

资格预审申请文件编制

任务 5：完成资格预审申请文件的递交。

①电子招投标。登录电子招投标项目交易平台,完成资格预审申请文件的在线递交工作,如图3.3所示。

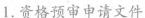

序号	信息类型	状态	操作
1	报名信息	报名时间: 2013-10-15	查看
2	招标公告	【首次公告】发布时间: 2013-10-14	查看
3	下载资格预审文件	【已下载】下载日期: 2013-10-23	查看
4	网上递交资审申请文件	【已上传】上传日期: 2013-10-23	上传
5	资审结果确认	【已确认】参加投标, 确认时间: 2013-1...	查看
6	招标文件	【已下载】下载时间: 2014-02-26	查看 回执单查看
7	网上提问	【提问0次】提问截止时间: 2013-10-29	提问
8	查看答疑文件	【未发布】	-

图3.3　在线递交资格预审申请文件

资格预审申请

②现场递交。梳理现场递交资格预审申请文件的注意事项。

学习资料

1.资格预审申请文件

资格预审申请文件是指潜在投标人希望参加某个项目的投标活动,按照投标人的资格预审文件要求而编制的文件。投标人通过资格预审申请文件向招标人证明自己具备建设招标工程项目的资格和能力,招标人通过资格预审申请文件了解投标人的财务、人员、机械和类似的工程经验等情况。

2.资格预审申请文件的编制、装订与递交

1)资格预审申请文件的编制

资格预审申请文件需按照招标人提供的资格预审文件规定的格式来编制,如有必要,可以增加附页,并作为资格预审申请文件的组成部分。如规定接受联合体资格预审申请的,还应包括联合体各方相关情况。一般来说,资格预审申请文件包括资格预审申请函、法定代表人身份证明或附有法定代表人身份证明的授权委托书、联合体协议书、申请人基本情况表、近年财务状况表、近年完成的类似项目情况表、正在施工和新承接的项目情况表、近年发生的诉讼及仲裁情况和其他材料。

2)资格预审申请文件的装订、签字

①申请人应按规定的要求,编制完整的资格预审申请文件,要用不褪色的材料书写或打印,并由申请人的法定代表人或其委托代理人签字或盖单位章。资格预审申请文件中的任何改动之处应加盖单位章或由申请人的法定代表人或其委托代理人签字确认。签字或盖章的具体要求见申请人须知前附表。

②资格预审申请文件的正本与副本应分开包装,加贴封条,并在封套的封口处加盖申请人单位章。在资格预审申请文件的封套上应清楚地标注"正本"或"副本"字样,封套还应写明招标人的地址、招标人全称、项目名称及文件开启时间规定等。未按要求密封和加写标记的资格预审申请文件,招标人将不予受理。

③资格预审申请文件正本与副本应分别装订成册,并编制目录,具体装订要求见申请人须知前附表。

3)资格预审申请文件的递交

资格预审申请人应根据资格预审文件规定的申请截止时间、地点递交资格预审申请文件。申请人所递交的资格预审申请文件一般不予退还。逾期送达或者未送达指定地点的资

格预审申请文件，招标人不予受理。

4）资格预审申请文件编制注意事项

（1）高度重视资格预审，深刻领会资格预审文件精神

当潜在投标人获得资格预审信息后，根据自身实力，决定参加下一步的投标工作，争取中标是潜在投标人的根本目的。而能否参加投标，取决于资格预审能否通过。资格预审，除法律规定的资格要件外，招标人提出的要求也不能忽视，而资格预审申请文件是根据资格预审文件编制的。因此，必须高度重视资格预审，深刻领会资格预审文件精神，根据文件的要求编制资格预审申请文件，争取通过资格预审。否则，小小的疏忽就可能导致资格预审不能通过，从而失去竞标的机会。

（2）平时注意整理资料，编制内容要完整、齐全、有效

资格预审提交的资格材料是多方面的，是企业经营多年的业绩积累，反映的是企业的整体素质和履约能力，体现在企业和企业人员取得的各种证书和证明文件上。企业投标部门平时应注意收集整理这些资料，以便参加资格预审时容易取得。

需要注意的是，有些证书是有时效性的，企业应及时更换。更换后的新证要及时将复印件交投标部门留存。否则，可能会因资格预审申请文件提交了过期的旧证复印件，而导致资格预审不能通过。例如，资格预审要求资格预审申请人提交有效的营业执照，而资格预审申请人却提交了往年的营业执照复印件，资格审查委员会在评审时，可能会因复印件未通过年审而判断企业未参加营业执照年审，从而否决其资格预审。

（3）注重细节，对照资格预审文件认真编制

装订、密封、签章是资格预审容易疏漏的环节，如果不注意细节，内容完整、有效的资格预审申请文件，也可能不能通过资格预审。例如，资格预审文件要求资格预审申请文件提供正、副本，且分别包装，那么正、副本合在一起包装就会造成资格预审申请文件不合格。还有，如资格预审文件要求正、副本具有同等法律效力，那么就要特别注意副本的盖章和签字是否是原件。另外，还要注意是否有小签的规定，页码的编制是否连续，更不要出现漏装和错装现象。

（4）业绩材料，满足资格预审需要即可，不要贪多求全

资格预审申请文件所提交的资料并非越多越好，要针对资格预审文件的要求提供，否则会适得其反。例如，要求提供三个以上类似工程即可满足类似工程条款要求，那么企业就没有必要提供 10 个或几十个类似工程，其效果与提供 3 个类似工程一样。若是采用有限数量的打分制评审，提供 3 个类似工程，该项即可得满分，提供再多类似工程得分也是一样。

（5）遵纪守法，诚信编制资格预审申请文件

诚实守信是每个企业经营的基础，也是发展的根本。参加招投标活动，也必须坚持诚实守信的原则。在资格预审阶段，诚实守信就体现在资格预审申请文件的编制上。

评价与反思

完成“典型工作环节 1　编制资格预审申请文件”的学习表现评价和反思表。

典型工作环节名称	具体任务	学习表现评价（自评×30%＋互评×30%＋教师评价×40%）				学习表现反思	
		自评得分	互评得分	教师评价得分	小计得分	学生反思	教师点评
典型工作环节1　编制资格预审申请文件	工程投标报名(5分)						
	获取资格预审文件(5分)						
	分析资格预审文件重点内容(10分)						
	市场经理准备企业资质证明资料(10分)						
	技术经理准备人员资格证明资料、机械设备资料(10分)						
	商务经理准备企业财务状况证明资料、企业和人员工程业绩资料(10分)						
	完成电子版资格预审申请文件(30分)						
	通过电子招投标交易平台完成资格预审申请文件递交(10分)						
	梳理现场递交资格预审申请文件的注意事项(10分)						
签字		自评人签字：			互评人签字：		教师签字：
最终得分							
累计得分							
对自己未来学习表现有何期待							

巩固训练

1. 选择题

(1)资格预审程序中应首先进行(　　)。(单选)

A. 资格预审资料分析　　B. 发出资格预审合格通知书

C. 发布资格预审通告　　D. 发售资格预审文件

(2)关于施工招标文件,下列说法正确的有(　　)。(多选)

A. 招标文件应包括拟签合同的主要条款

B. 当进行资格预审时,招标文件中应包括投标邀请书

C. 自招标文件开始发出之日起至投标截止之日不得少于 15 天

D. 招标文件不得说明评标委员会的组建方法

E. 招标文件应明确评标方法

2. 拓展题

潜在投标人在编制资格预审申请文件时需注意哪些要点,以便顺利通过资格预审?

典型工作环节 2　分析招标文件

具体任务

任务 1:完成投标报名。投标人登录电子招投标项目交易平台,进行投标报名,然后进入“已报名标段”界面,如图 3.4—图 3.6 所示。

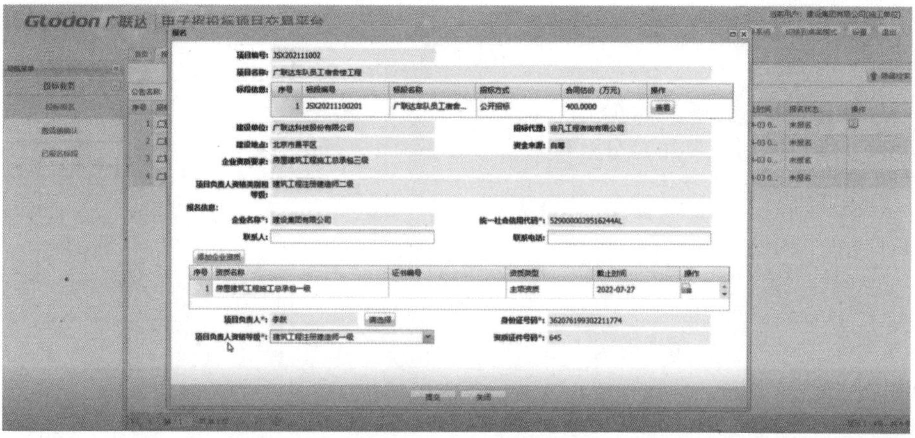

图 3.4　“已报名标段”界面 1

任务 2:在线购买并下载招标文件,如图 3.7—图 3.9 所示。

任务 3:分析招标文件。将招标文件导入电子投标文件编制软件中,浏览招标文件(图3.10—图 3.12),对招标文件重点内容进行分析、记录,项目经理带领团队成员完成招标文件分析表(表 3.2)。

购买及下载招标文件

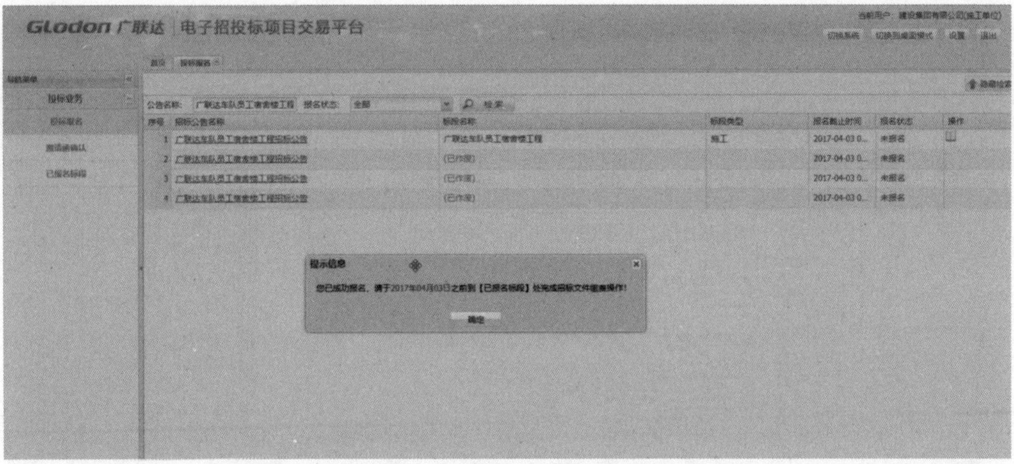

图3.5　“已报名标段”界面2

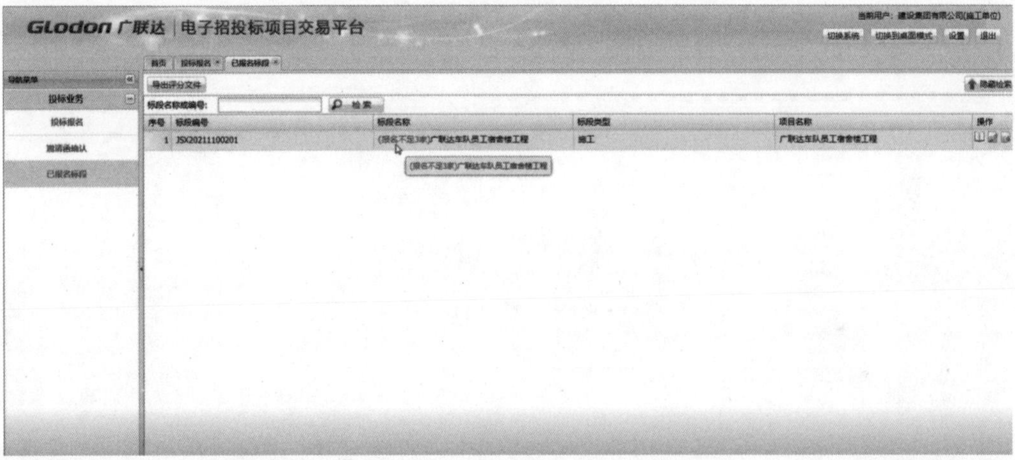

图3.6　“已报名标段”界面3

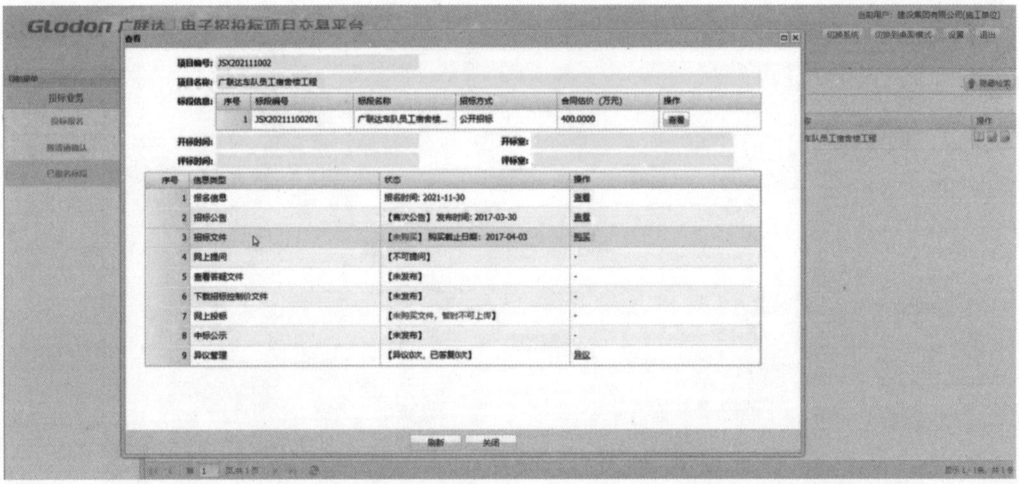

图3.7　购买并下载招标文件

图 3.8　支付界面

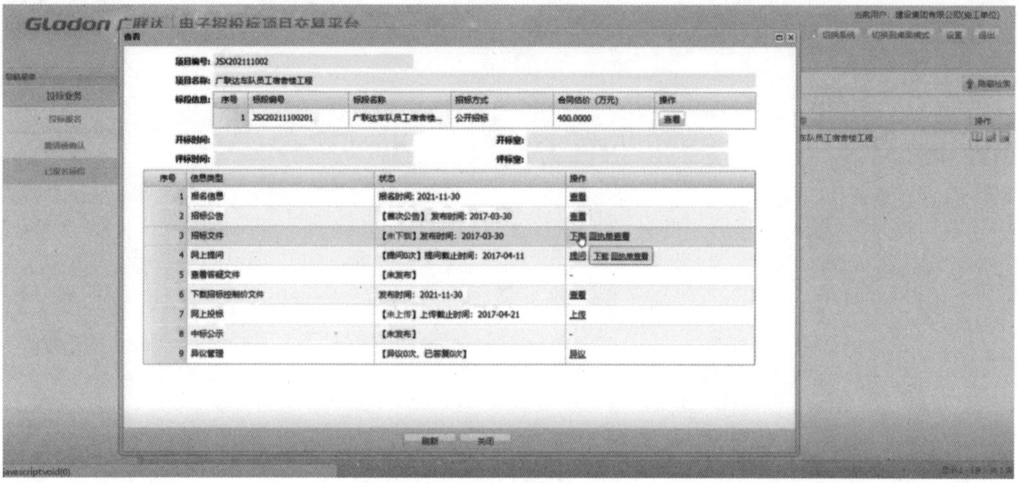

图 3.9　支付结果查看

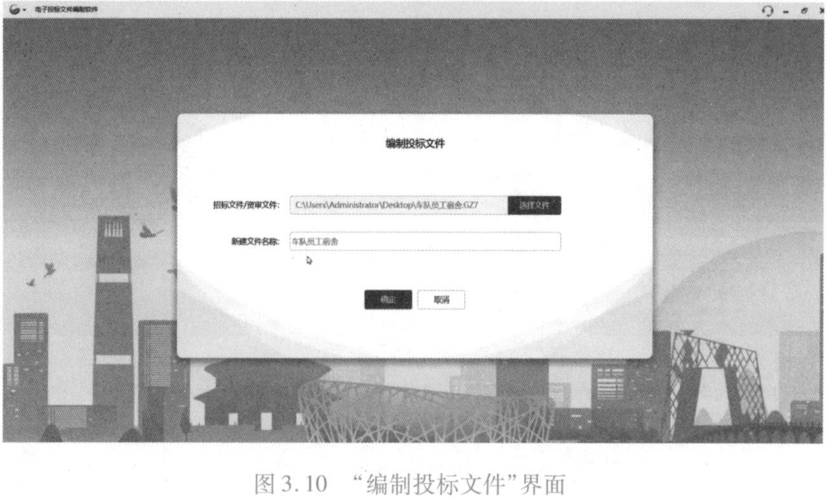

图 3.10　“编制投标文件”界面

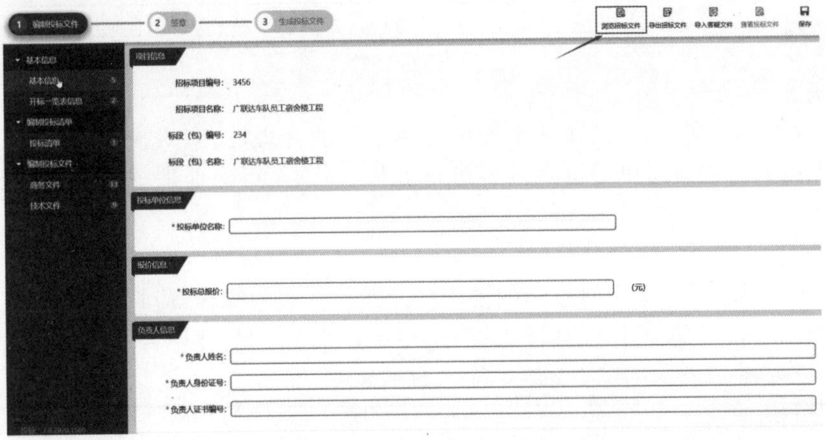

图3.11　“浏览招标文件”界面

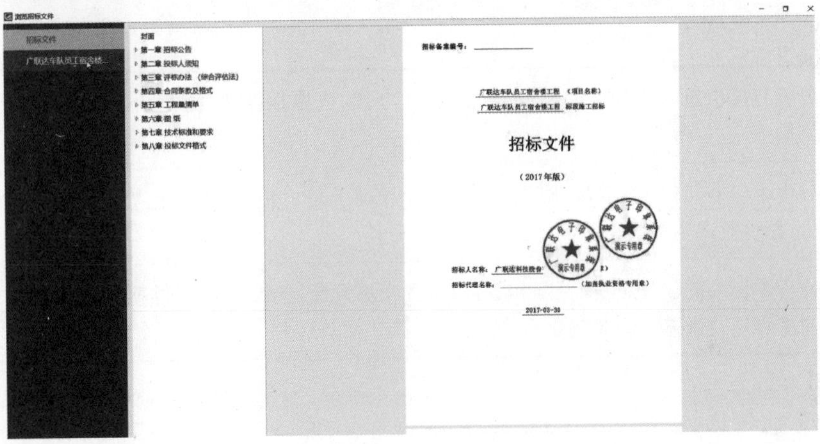

图3.12　浏览招标文件

表3.2　招标文件分析表

项目内容	具体要求
资信要求	
技术标要求	
招标控制价	
投标保证金	
投标文件递交方式及份数	
签字盖章要求	
质疑截止日期	
投标文件递交截止日期	
评标办法	
其他要求	

学习资料

1. 研究招标文件

投标人取得招标文件后，为保证工程量清单报价的合理性，应对投标人须知、合同条件、技术规范、图纸和工程量清单等重点内容进行分析，深刻而正确地理解招标文件和招标人的意图。

1）分析投标人须知

投标人须知反映了招标人对投标的要求。阅读投标人须知时，应特别注意项目的资金来源、投标书的编制和递交、投标保证金、是否允许递交备选方案、评标方法等，重点在于防止投标被否决。

2）合同分析

针对招标文件中的合同条款进行分析，主要从合同背景、形式、条款三个方面进行分析，见表 3.3。

表 3.3　合同分析

背景分析	分析与拟承包内容有关的合同背景、监理方式、法律依据等，为报价和合同实施及索赔提供依据
形式分析	分析承包方式（分项承包、施工承包、设计与施工总承包、管理承包等）、合同计价方式（如单价、总价及成本加酬金等）
条款分析	分析承包人的任务、工作范围和责任；工程变更及合同价款调整；付款方式和时间；施工工期；业主责任及索赔的有关规定

3）技术标准和要求分析

工程技术标准是按工程类型描述工程技术和工艺内容特点，对设备、材料、施工和安装方法等所规定的技术要求，有的是对工程质量进行检验、试验和验收所规定的方法和要求。在编制投标文件时，要特别注意招标文件中关于技术标准的要求，以便制订合理的施工方案及投标报价。

4）图纸分析

施工图纸是确定工程范围、内容和技术要求的重要文件，投标人要仔细分析施工图纸，以便合理地确定施工方法等施工计划。

2. 调查工程现场

投标人依据招标文件规定的时间地点进行现场踏勘，内容包括：

①自然条件：水文、气象、地质等。

②施工条件：现场的三通一平情况；邻近建筑物；市政给水及污水、雨水排放管线位置、高程等；有无特殊交通限制等。

③其他条件：构件、半成品及商品混凝土的供应能力和价格、现场附近的生活设施等。

评价与反思

完成“典型工作环节 2　分析招标文件”的学习表现评价和反思表。

典型工作环节名称	具体任务	学习表现评价（自评×30%+互评×30%+教师评价×40%）				学习表现反思	
		自评得分	互评得分	教师评价得分	小计得分	学生反思	教师点评
典型工作环节2　分析招标文件	完成投标报名(20分)						
	购买并下载招标文件(20分)						
	分析招标文件(60分)						
签字		自评人签字：			互评人签字：		教师签字：
最终得分							
累计得分							
对自己未来学习表现有何期待							

巩固训练

1.选择题

(1)根据《标准施工招标文件》(2007年版)，进行资格预审的施工招标文件应包括(　　)。(单选)

A.招标公告　　B.投标资格条件　　C.投标邀请书　　D.评标委员会名单

(2)关于施工招标文件，下列说法正确的有(　　)。(多选)

A.招标文件应包括拟签合同的主要条款

B.当进行资格预审时，招标文件中应包括投标邀请书

C.自招标文件发出之日起至投标截止之日止不得少于15天

D.招标文件不得说明评标委员会的组建方法

E.招标文件应明确评标方法

(3)投标人在投标前期研究招标文件时，对合同形式进行分析的主要内容为(　　)。(单选)

A.承包人任务　　B.计价方式　　C.付款办法　　D.合同价款调整

(4)投标邀请书的内容应载明(　　)等事项。(多选)

A.招标项目的性质、数量　　B.招标人的名称和地址

C.招标项目的实施地点和时间　　D.获取招标文件的办法

E.招标人的资质证明

(5)招标文件应当包括(　　)等所有实质性要求和条件及拟签订合同的主要条款。(多选)

A.招标工程的报批文件　　B.招标项目的技术要求

C.对投标人资格审查的标准　　D.投标报价要求

E.评标标准

(6)招标文件中既说明招标投标的程度要求,又构成合同文件的是(　　)。(多选)

A.合同条款　　B.投标人须知

C.设计图纸　　D.技术标准与要求

E.工程量清单

2.拓展题

可以从哪些方面入手分析招标文件?

典型工作环节3　编制商务标

具体任务

任务1:复核工程量清单。商务经理依据招标文件中的工程量清单及工程图纸,进行工程量清单复核,填写"工程量清单复核偏差表"(表3.4),若无偏差,该表格可以不填写。

表3.4　工程量清单复核偏差表

招标文件提供的工程量清单	复核偏差

任务2:进行组价。若招标图纸工程量和清单项与招标文件给出的招标工程量清单不符,以招标文件给出的招标工程量清单为准,利用GCCP6.0软件,结合当时当地的市场价格,依据清单项目进行组价,完成分部分项工程费和单价措施项目费的计算,如图3.13—图3.15所示。

投标报价的编制

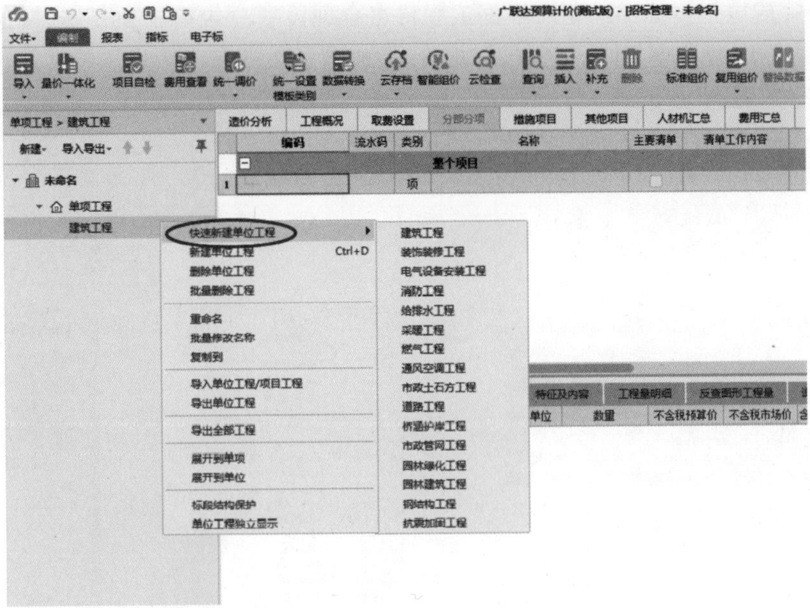

图3.13　新建单位工程

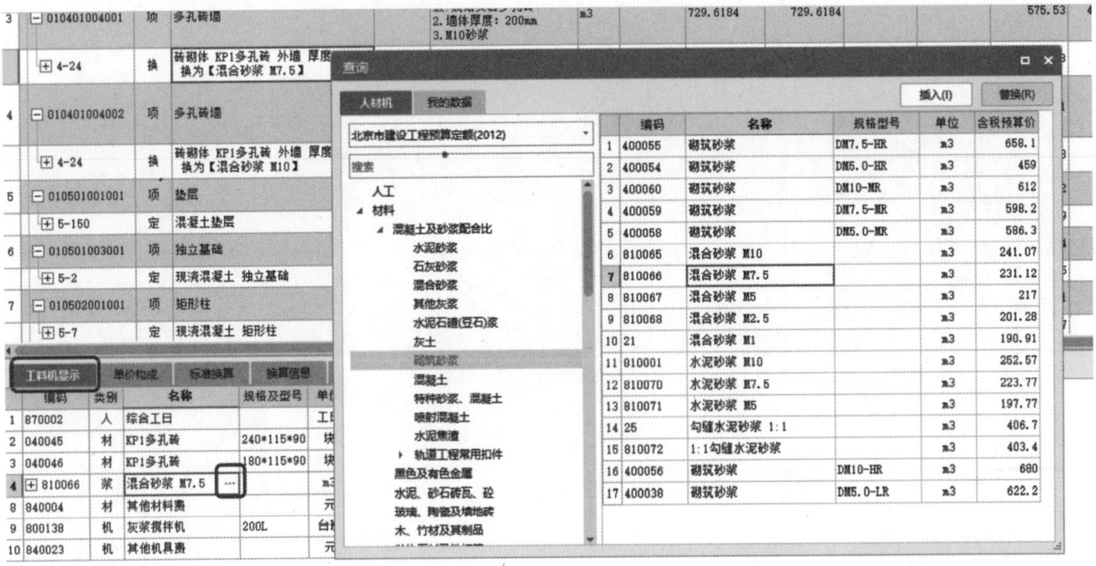

图3.14　材料换算

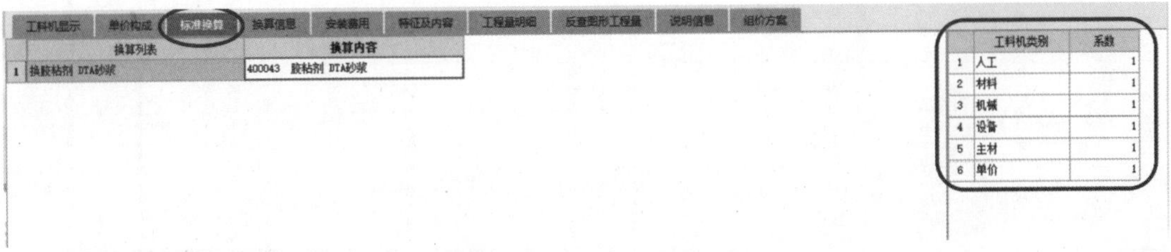

图3.15　人材机系数调整

任务 3：完成电子投标书编制。根据工程特点合理设置总价措施项目费、其他项目费、规费和税金相应的取费费率，计算工程投标报价，生成电子版投标工程量清单文件，完成电子投标书即商务标的编制，如图 3.16—图 3.22 所示。

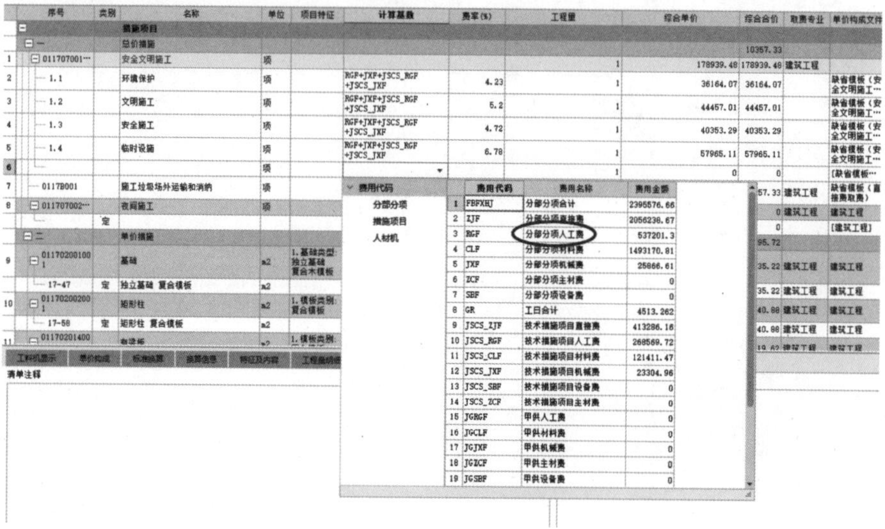

图 3.16　插入总价措施项目

图 3.17　主材价格调整

图 3.18　设置暂估价格

图 3.19　设置甲供材料

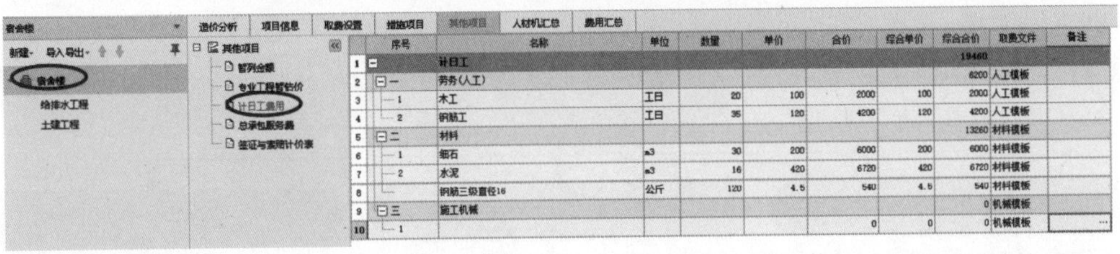

图 3.20　计取计日工

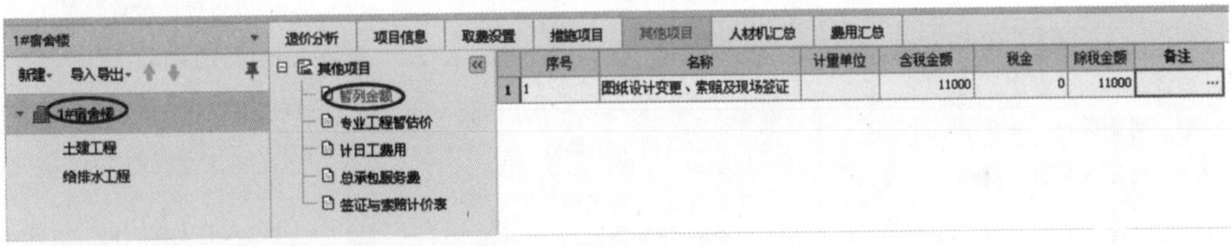

图 3.21　计取暂列金额

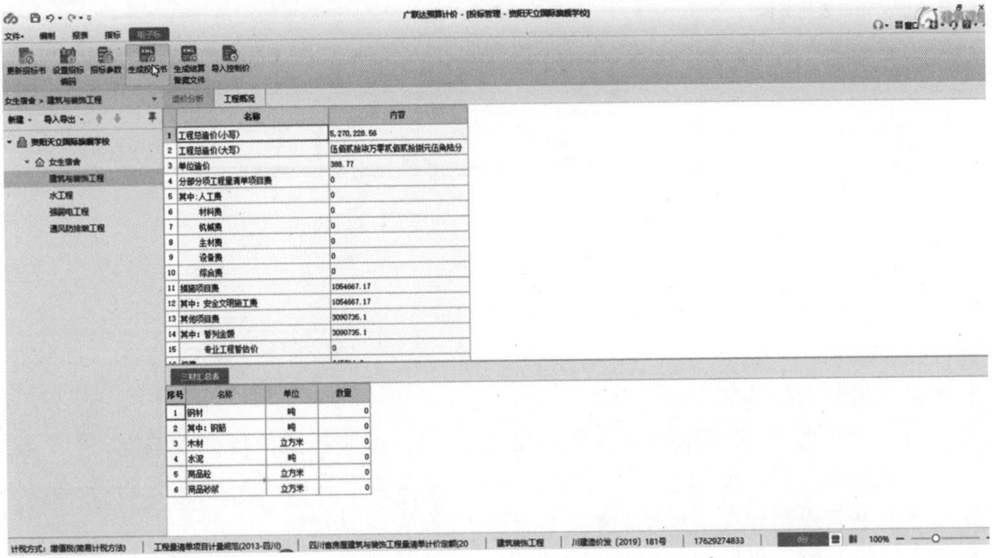

图 3.22　生成电子投标书

学习资料

1. 询价与工程量复核

1)询价

投标报价之前,投标人必须通过各种渠道,采用各种手段对工程所需的各种材料、设备等的价格、质量、供应时间、供应数量等进行系统全面的调查,同时还要了解分包项目的分包形式、分包范围、分包人报价、分包人履约能力及信誉等。询价是商务标即投标报价编制的基础,它为投标报价提供可靠的依据。

询价时应需注意:

①产品质量必须可靠,满足招标文件的规定。

②产品的供货方式、时间、地点,有无附加条件和费用。

询价的渠道、要素、分包如图 3.23 所示。

图 3.23 进行询价

2)复核工程量

复核工程量的目的及注意事项如图 3.24 所示。

2. 投标报价编制的原则

投标报价编制的原则如下:

①自主报价原则,但必须执行相关强制性规定;自行或委托造价咨询人编制。

②不低于成本原则。投标报价不得低于成本;明显低于其他报价或标底的,招标人应要求投标人做出书面说明并提供证明材料,不能提供的,否决其投标。

③风险分担原则。投标报价以招标文件中设定的发承包双方责任划分,作为考虑投标报价费用项目和费用计算的基础。

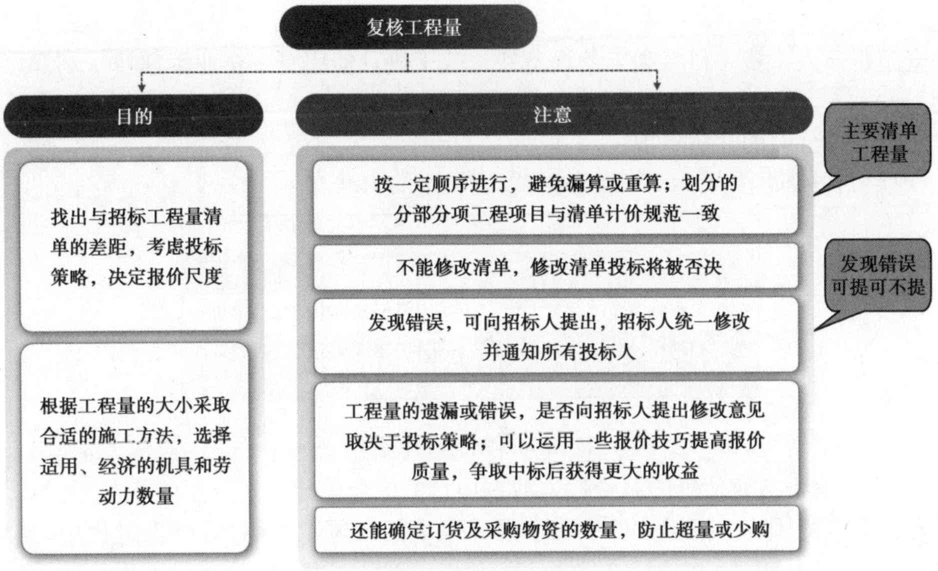

图3.24　复核工程量

④发挥自身优势原则。以施工方案、技术措施作为投标报价计算的基本条件，以企业定额作为计算人、材、机消耗量的基本依据。

⑤科学严谨原则。报价计算方法要科学严谨，简明适用。

3.投标报价的编制方法和内容

投标报价的编制，首先根据招标人提供的工程量清单编制分部分项工程量清单计价表，措施项目清单计价表，其他项目清单计价表，规费、税金项目清单计价表，计算完毕之后，汇总得到单位工程投标报价汇总表，再层层汇总，分别得到单项工程投标报价汇总表和工程项目投标总价汇总表。建设项目施工投标总价组成如图3.25所示。

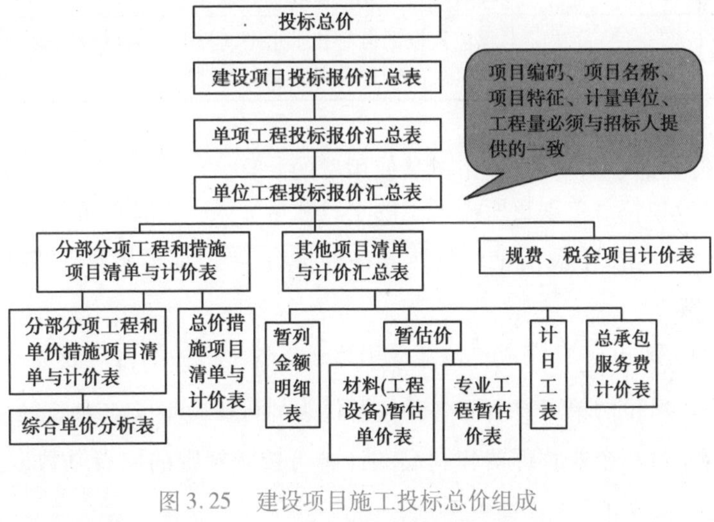

图3.25　建设项目施工投标总价组成

1)分部分项工程和措施项目清单与计价表的编制

(1)分部分项工程和单价措施项目清单与计价表的编制

对于分部分项工程和单价措施项目清单与计价表的编制，确定综合单价是最主要的内容。

综合单价 = 人工费 + 材料和工程设备费 + 施工机具使用费 + 企业管理费 + 利润(考虑风险费用)

确定综合单价时的注意事项:

①以项目特征描述(图 3.26)为依据,以后发生的为准。

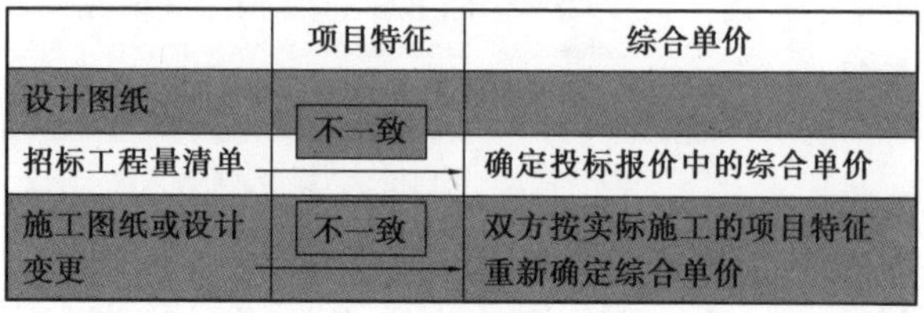

项目特征
综合单价
设计图纸
不一致
招标工程量清单
确定投标报价中的综合单价
施工图纸或设计变更
不一致
双方按实际施工的项目特征重新确定综合单价

图 3.26　项目特征描述

②材料、工程设备暂估价的单价计入清单项目的综合单价。

③考虑合理的风险。招标文件中要求投标人承担的风险费用,在施工过程中,当出现的风险内容及其范围(幅度)在招标文件规定的范围(幅度)内时,综合单价不得变动,合同价款不作调整。结合我国工程建设的特点,工程施工阶段的发承包双方风险宜采用如表 3.5 所示的分摊原则。

表 3.5　工程施工阶段发承包双方风险分摊原则

特点	风险分摊	原则
市场定价	双方分摊	市场价格波动导致的价格风险,承包人承担 5% 以内的材料、工程设备价格风险,10% 以内的施工机具使用费风险
政策、政府定价	承包人不承担	对法律、法规、规章或有关政策导致的税金、规费、人工费变化,造价管理部门由此发布的政策性调整,以及由政府定价或政府指导价管理的原材料等价格进行调整
自身决定	承包人全部承担	承包人根据自身技术水平、管理、经营状况能够自主控制的风险,如承包人的管理费风险、利润风险

④分部分项工程人工、材料、施工机具使用费的计算。

人工费 = 完成单位清单项目所需人工的工日数量 × 人工工日单价

材料费 $=\sum$(完成单位清单项目所需各种材料、半成品的数量 × 各种材料、半成品单价) + 工程设备费

施工机具使用费 $=\sum$(完成单位清单项目所需各种机械的台班数量 × 各种机械的台班单价) + $\sum$(完成单位清单项目所需各种仪器仪表的台班数量 × 各种仪器仪表的台班单价)

⑤计算综合单价。企业管理费和利润的计算可按照规定的取费基数以及一定的费率取费计算。

企业管理费 = (人工费 + 施工机具使用费) × 企业管理费费率

利润 = (人工费 + 施工机具使用费) × 利润率

将上述 5 项费用汇总,并考虑合理的风险费用后,即可得到清单综合单价。

(2)总价措施项目清单与计价表的编制(不能精确计量的措施项目)

投标报价应遵循以下原则:

①内容应依据招标人提供的措施项目清单和投标人投标时拟定的施工组织设计或施工方案确定;

②投标人自主确定,但安全文明施工费不得作为竞争性费用。

2)其他项目清单与计价表的编制

其他项目清单与计价表的编制内容及要求如表3.6所示。

表3.6　其他项目清单与计价表的编制

暂列金额	按招标人提供的金额填写,不得变动	
暂估价	材料、工程设备暂估价	必须按照招标人提供的单价计入清单项目综合单价
	专业工程暂估价	必须按照招标人提供的金额填写
计日工	量:招标人提供的其他项目清单中的暂估数量 价:自主确定的综合单价(不包括规费和税金)	
总承包服务费	招标文件列出分包专业工程内容和供应材料、设备情况,按照招标人的要求自主确定	

3)规费、税金项目计价表的编制

规费、税金不得作为竞争性费用。

4)投标报价汇总

总价与各部分合计金额应一致,不能进行投标总价的优惠,投标人对投标报价的任何优惠均应反映在相应清单项目的综合单价中。

评价与反思

完成“典型工作环节3　编制商务标”的学习行动评价和反思表。

典型工作环节名称	具体任务	学习表现评价（自评×30%+互评×30%+教师评价×40%）				学习表现反思	
		自评得分	互评得分	教师评价得分	小计得分	学生反思	教师点评
典型工作环节3　编制商务标	复核工程量清单(30分)						
	进行组价(40分)						
	完成投标报价编制(30分)						
签字		自评人签字:			互评人签字:		教师签字:
最终得分							
累计得分							
对自己未来学习表现有何期待							

巩固训练

选择题

(1)投标人在确定综合单价时需要注意的事项有(　　)。(多选)

A. 清单项目特征描述　　B. 清单项目的编码顺序

C. 材料暂估价的处理　　D. 材料、设备市场价格的变化风险

E. 税金、规费的变化风险

(2)关于工程量清单方式招标工程合同价格风险及风险分担,下列说法正确的是(　　)。(单选)

A. 当出现的风险内容及幅度在招标文件规定的范围内时,综合单价不变

B. 市场价格波动导致施工机具使用费发生变化时,承包人只承担 5% 以内的价格风险

C. 人工费变化发生的风险全部由发包人承担

D. 承包人管理费的风险一般由发承包双方共同承担

(3)某项目施工合同约定,承包人承租的水泥价格风险幅度为 ±5%,超出部分采用造价信息法调差。已知投标人投标价格、基准期发布价格分别为 440 元/t、450 元/t,2018 年 3 月的造价信息发布价为 430 元/t。则该月水泥的实际结算价格为(　　)元/t。(单选)

A. 418　　B. 427.5　　C. 430　　D. 440

(4)工程施工中的下列情形,发包人不予计量的有(　　)。(多选)

A. 监理人抽检不合格返工增加的工程量

B. 承包人自检不合格返工增加的工程量

C. 承包人修复因不可抗力损坏工程增加的工程量

D. 承包人在合同范围之外按发包人要求增建的临时工程工程量

E. 工程质量验收资料缺项的工程量

(5)下列文件和资料中,可作为建设工程工程量计量依据的是(　　)。(单选)

A. 造价管理机构发布的调价文件　　B. 造价管理机构发布的价格信息

C. 质量合格证书　　D. 各种预付款支付凭证

(6)采取询价方式采购时应当遵循(　　)程序。(单选)

A. 成立询价小组→询价→确定被询价的供应商名单→确定成交供应商

B. 确定被询价的供应商名单→成立询价小组→制定询价方案→询价→确定成交供应商

C. 成立询价小组→确定被询价的供应商名单→询价→确定成交供应商

D. 成立询价小组→制定询价方案→询价→确定成交供应商

(7)根据《建设工程工程量清单计价规范》(GB 50500—2013),关于分部分项工程项目清单的编制,下列说法正确的有(　　)。(多选)

A. 项目编码应按照计算规范附录给定的编码

B. 项目名称应按照计算规范附录给定的名称

C. 项目特征描述应满足确定综合单价的需要

D. 补充项目应有两个或两个以上的计量单位

E. 工程量计算应按一定顺序依次进行

(8)下列费用中,属于招标工程量清单中其他项目清单编制内容的是(　　)。(多选)

A. 暂列金额　　B. 暂估价

C. 计日工　　D. 总承包服务费

E. 措施费

(9)编制招标工程量清单时,应根据施工图纸的深度、暂估价的设定水平、合同价款的约定调整因素以及工程实际情况合理确定的清单项目是(　　)。(单选)

A. 措施项目清单　　B. 暂列金额

C. 专业工程暂估价　　D. 计日工

典型工作环节4　编制技术标

具体任务

技术经理完成一份投标文件技术标,内容包括但不限于BIM技术方案及实施保障措施、施工进度网络计划、施工现场三维布置图等。

任务1:编制BIM技术方案。以Word形式编制BIM技术方案,叙述在整个项目施工过程中用BIM技术解决的施工难题。

任务2:编制施工进度计划。编制施工进度计划时应考虑网络计划编制原则,单位工程工作任务的分解情况,流水段的划分、流水施工、工作搭接的合理性,以及在进度计划编制过程中有无体现进度优化。利用斑马·梦龙网络计划软件编制一份时标逻辑网络图,如图3.27—图3.29所示。

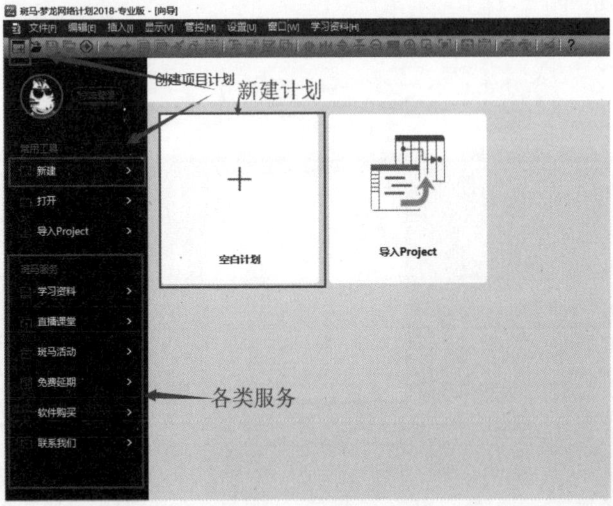

图3.27　新建计划

图 3.28　编制施工进度计划

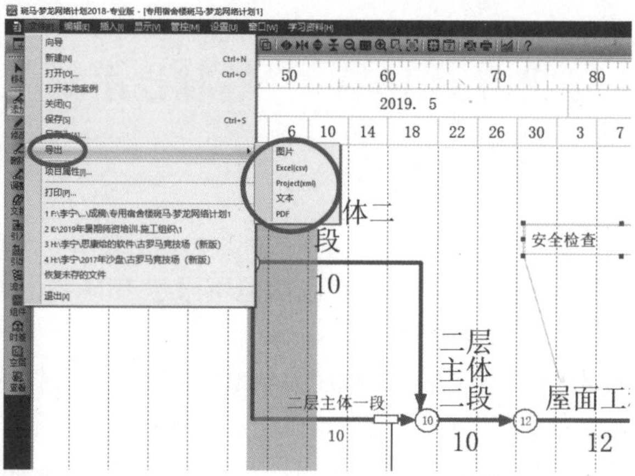

图 3.29　文件导出

任务 3:进行 BIM 施工现场动态布置。基于案例工程,利用广联达 BIM 施工现场布置软件设计基于 BIM 的施工现场动态三维布置图,体现基础阶段、主体阶段和装饰装修 3 个阶段的布置要求,如图 3.30、图 3.31 所示。

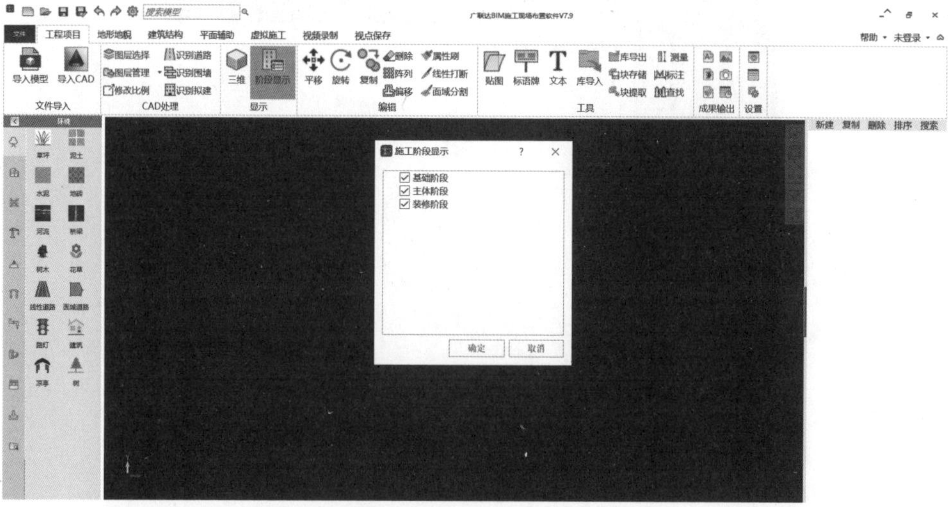

图 3.30　分阶段进行 BIM 场地布置

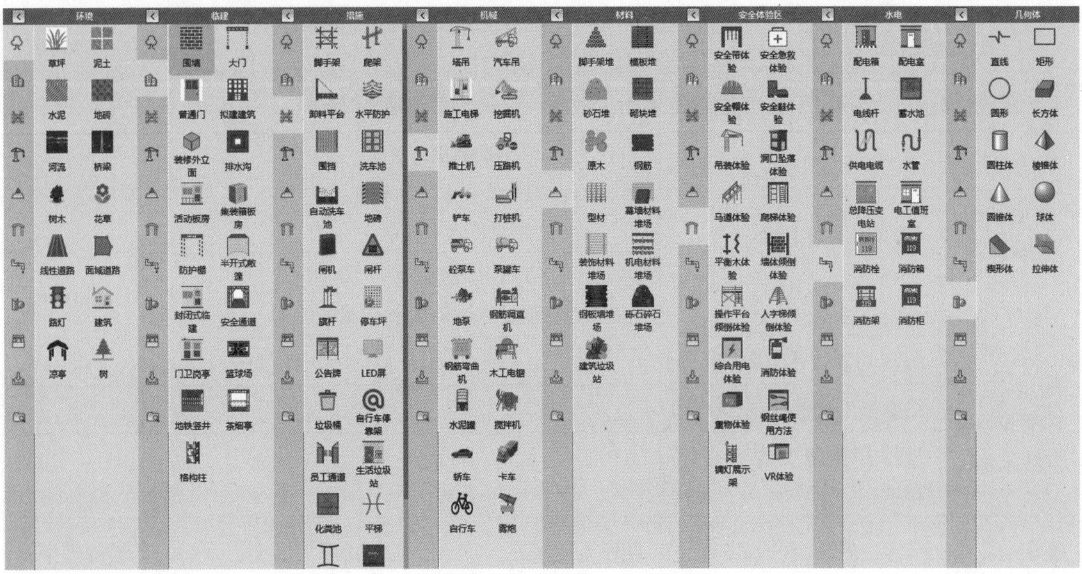

图3.31 BIM场地布置软件工具

学习资料

技术标的编制内容包括全部施工组织设计,用以评价投标人的技术实力和建设经验。技术复杂的项目对技术文件的编写内容及格式均有详细要求,应当按照规定认真填写标书文件中的技术部分,包括技术方案、产术资料、实施计划等。

在招投标过程中,招标方根据BIM模型可以快速算量、精确算量,编制准确的工程量清单,使得清单完整,有效避免漏项和错算等情况,最大限度地减少施工阶段因工程量问题而引起的纠纷。投标方根据BIM模型可以快速获取正确的工程量信息,与招标文件中的工程量清单比较,可以制定更好的投标策略。

在招标控制环节,准确和全面的工程量清单是核心关键。而工程量计算是招投标阶段耗费时间和精力最多的重要工作。BIM是一个富含工程信息的数据库,可以真实地提供工程量计算所需要的物理和空间信息。借助这些信息,计算机可以快速对各种构件进行统计分析,从而大大减少根据图纸统计工程量带来的烦琐的人工操作和潜在错误,在效率和准确性上得到显著提高。

在开评标环节,利用BIM可视化技术为专家提供直观的方案展示,专家在评审中可以对建筑物外观、内部结构、周围环境、各个专业方案等进行详细分析和对比,并且可以借助BIM方案展示,模拟整个施工过程进度和资金计划,使评标过程更加科学、全面、高效和准确。

利用BIM技术可以提高招标投标的质量和效率,有力地保障工程量清单的全面和精确,促进投标报价的科学性、合理性,提升评标质量与评标效率,加强招投标的精细化管理,减少风险,进一步促进招标投标市场的规范化、市场化、标准化的发展。

目前,在招标投标领域技术标编制中,运用得比较多的就是编制施工进度计划和BIM三维施工现场布置。其中,施工进度计划可以利用广联达斑马·梦龙网络计划软件来完成,BIM施工现场布置可以利用广联达BIM场地布置软件,结合工程项目管理施工进度计划及施工现场平面布置部分内容来完成。

评价与反思

完成“典型工作环节4　编制技术标”的学习行动评价和反思表。

<table>
<tr><th rowspan="2">典型工作环节名称</th><th rowspan="2">具体任务</th><th colspan="4">学习表现评价
（自评×30%＋互评×30%＋教师评价×40%）</th><th colspan="2">学习表现反思</th></tr>
<tr><th>自评得分</th><th>互评得分</th><th>教师评价得分</th><th>小计得分</th><th>学生反思</th><th>教师点评</th></tr>
<tr><td rowspan="3">典型工作环节4　编制技术标</td><td>编制 BIM 技术方案(20 分)</td><td></td><td></td><td></td><td></td><td></td><td></td></tr>
<tr><td>编制施工进度计划(40 分)</td><td></td><td></td><td></td><td></td><td></td><td></td></tr>
<tr><td>进行 BIM 施工现场动态布置(40 分)</td><td></td><td></td><td></td><td></td><td></td><td></td></tr>
<tr><td colspan="2">签字</td><td colspan="3">自评人签字：</td><td colspan="2">互评人签字：</td><td>教师签字：</td></tr>
<tr><td colspan="5">最终得分</td><td colspan="3"></td></tr>
<tr><td colspan="5">累计得分</td><td colspan="3"></td></tr>
<tr><td colspan="5">对自己未来学习表现有何期待</td><td colspan="3"></td></tr>
</table>

巩固训练

1. 选择题

BIM 在投标过程中的应用不包括(　　)。(单选)

A. 基于 BIM 的深化设计　　B. 基于 BIM 的施工方案模拟

C. 基于 BIM 的 4D 进度模拟　　D. 基于 BIM 的资源优化与资金计划

2. 拓展题

自选“1＋X”建筑信息模型(BIM)职业技能等级证书中级考试“BIM 施工场地布置”试题，利用广联达 BIM 场地布置软件，完成 BIM 施工现场动态布置。

BIM 1+X中级场布操试题

投标文件编制工具软件操作

典型工作环节5　编制电子投标文件

具体任务

市场经理利用电子投标文件编制工具(投标版)，将技术标、商务标、资信标进行整合，完成一份电子投标文件的编制。

任务1:填写基本信息。将基本信息中的内容依次填写完毕,如图3.32、图3.33所示。

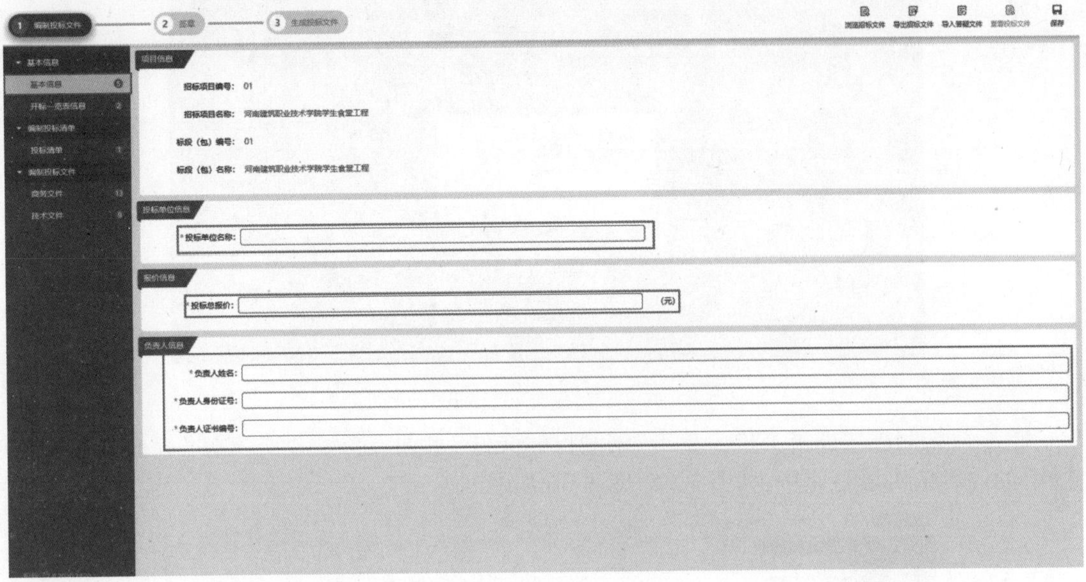

图3.32　填写基本信息1

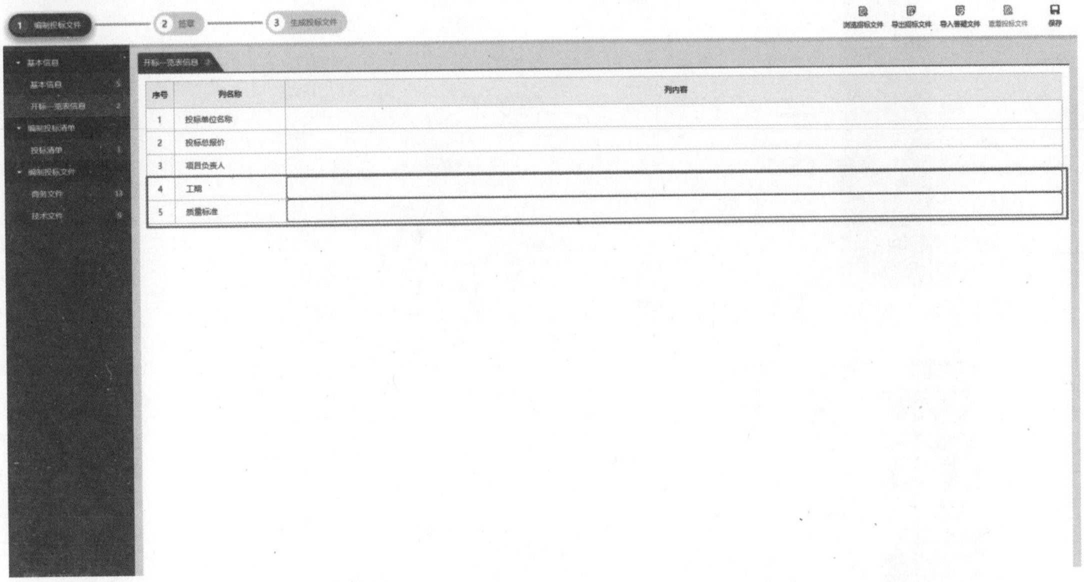

图3.33　填写基本信息2

任务2:导入投标清单。进入“编制投标清单”页签,对“投标清单”进行导入操作,此工程量清单是前期由GCCP6.0生成的电子版投标工程量清单文件,如图3.34所示。注意,导入的PDF清单数据需要和电子清单数据保持一致。

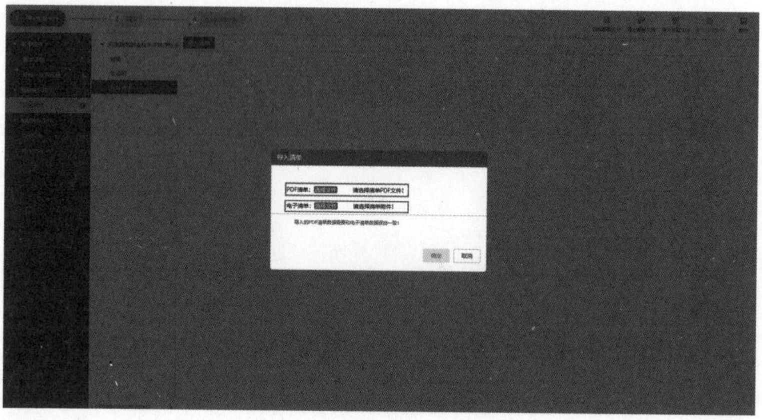

图 3.34　编制投标清单

任务 3：编制填写商务文件。单击“编制投标文件”页面，进入“商务文件”界面，将”商务文件”的内容依次填写完毕，如图 3.35、图 3.36 所示。

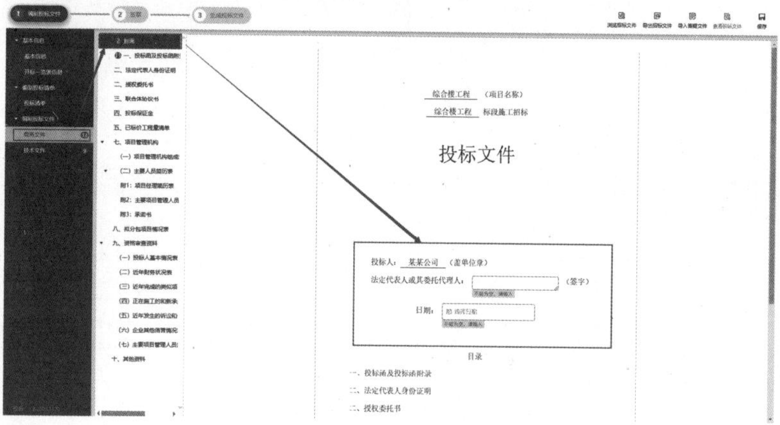

图 3.35　编制投标文件封面

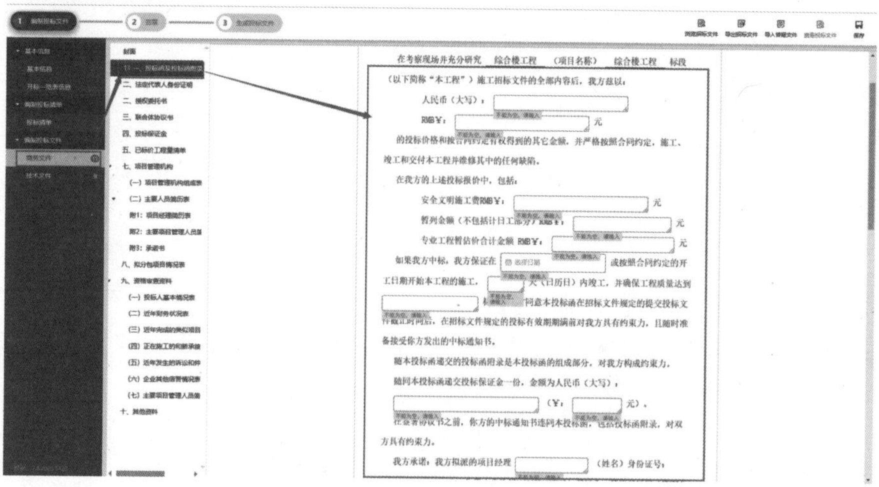

图 3.36　编制投标函及附录

任务4:导入技术标文件。商务标制作完成后,切换到"技术文件"界面,单击软件左侧可添加施工方案文档;在某个模块(如施工总进度计划及保证措施),单击"导入文件",可以把在广联达BIM施工现场布置软件、广联达斑马·梦龙网络计划软件等制作好的技术标添加到投标文件里,如图3.37、图3.38所示。

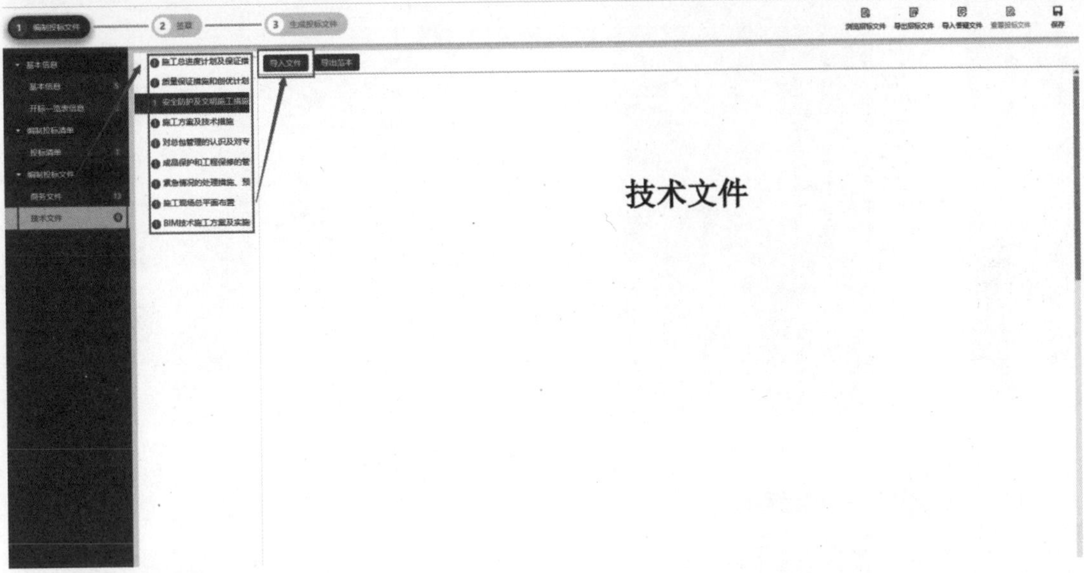

图3.37 编制技术文件

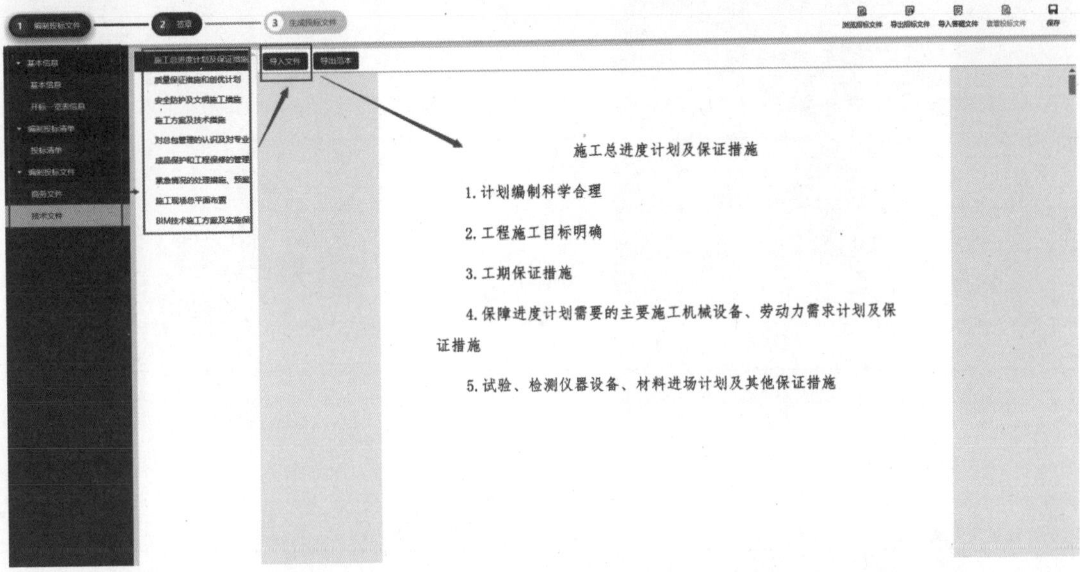

图3.38 导入文件

任务5:签章。"编制投标文件"完成之后,开始"签章",此时弹出"浏览PDF"界面,单击"批量签章"(注:技术标、资格审查、工程量清单等的签章方法参考商务标的签章操作),在页面相应位置进行签章,签章完成后,在已签章界面全部显示已签章,如图3.39—图3.41所示。

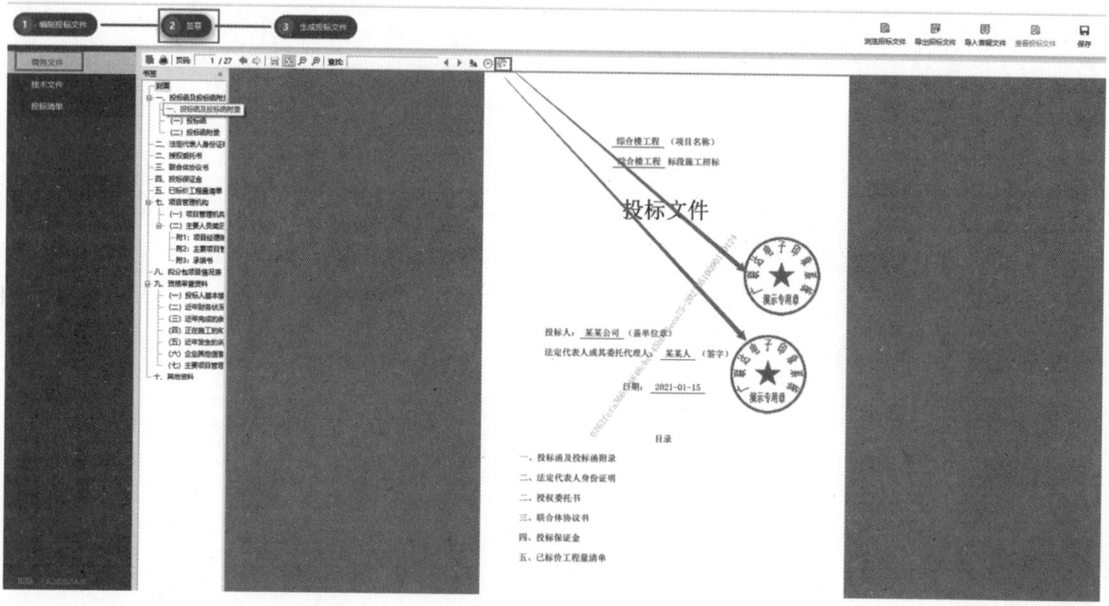

图 3.39　商务文件签章

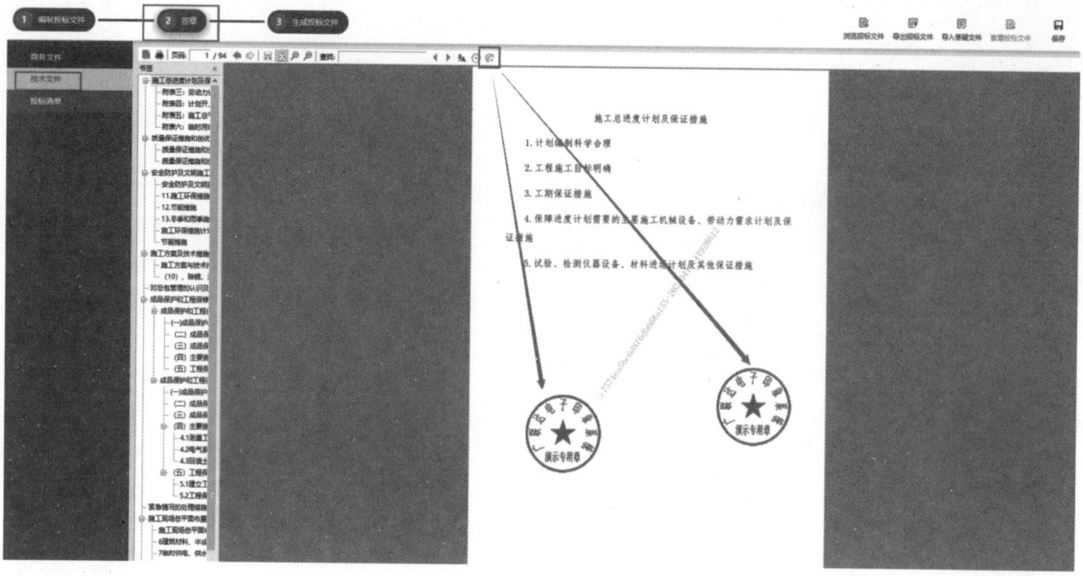

图 3.40　技术文件签章

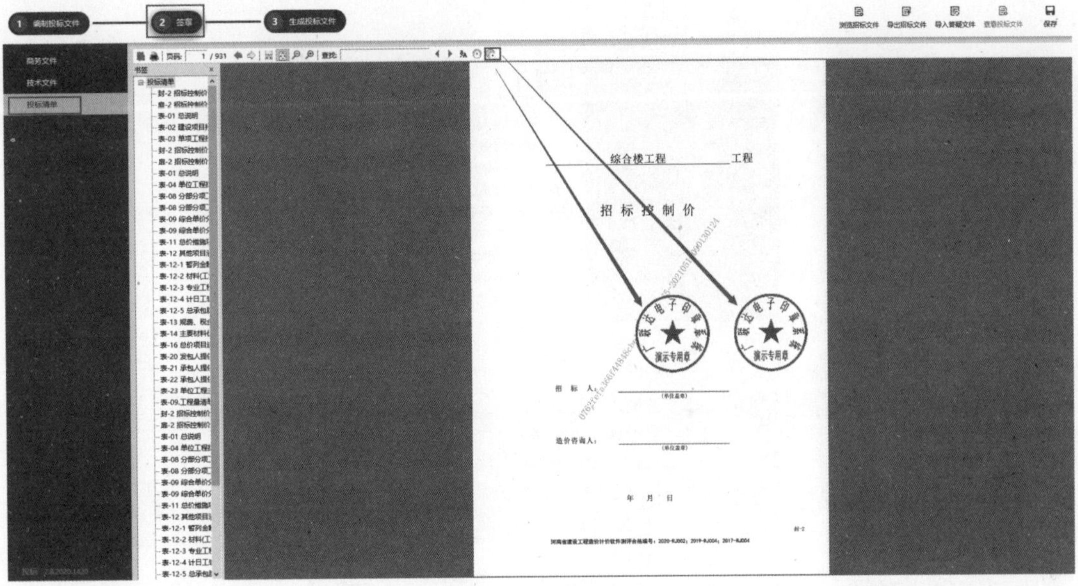

图3.41　投标清单签章

任务6:生成投标文件。单击进入"生成投标文件"页面,单击"生成投标文件"后,继续单击"查看投标文件"后导出一份"GZ7 文件",如图3.42、图3.43 所示。最后导出的文件是PDF 文件,如图3.44 所示(导出的是3 份PDF 文件)。

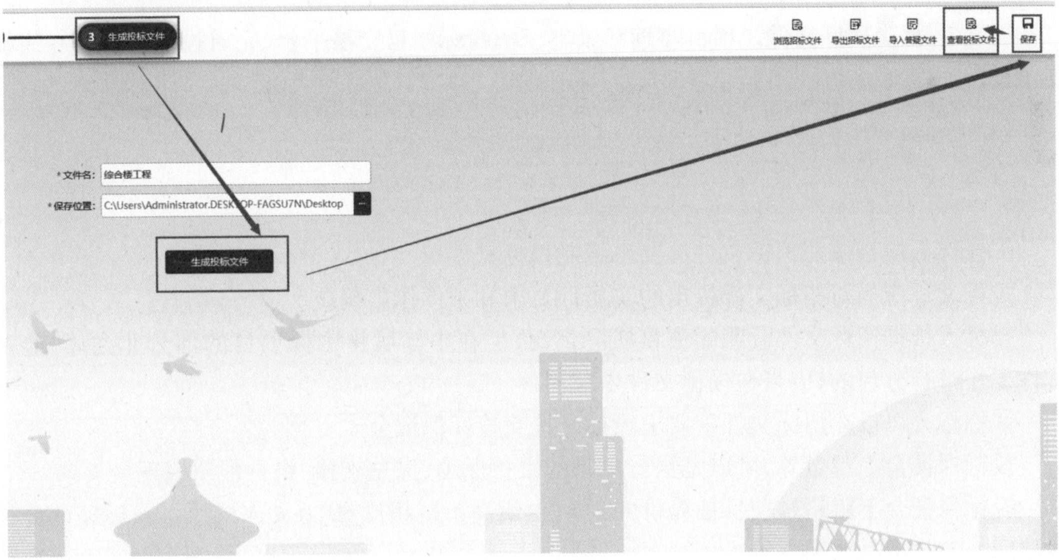

图3.42　生成投标文件

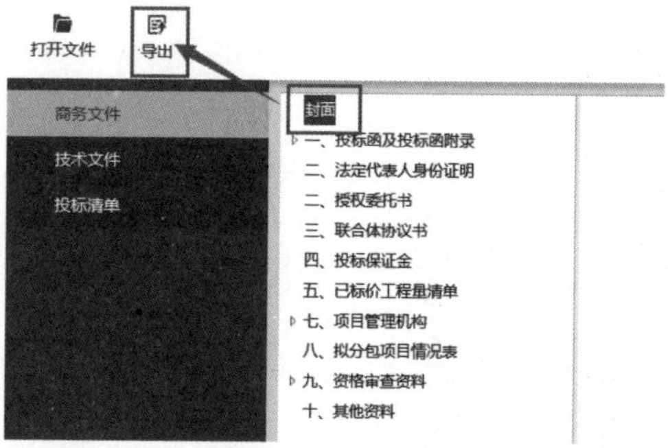

图 3.43　查看投标文件

序号	信息类型	状态	操作
1	报名信息	报名时间：2021-11-30	查看
2	招标公告	【首次公告】发布时间：2017-03-30	查看
3	招标文件	【未下载】发布时间：2017-03-30	下载 回执单查看
4	网上提问	【提问0次】提问截止时间：2017-04-11	提问
5	查看答疑文件	【未发布】	-
6	下载招标控制价文件	发布时间：2021-11-30	查看
7	网上投标	【未上传】上传截止时间：2017-04-21	上传
8	中标公示	【未发布】	-
9	异议管理	【异议0次，已答复0次】	异议

图 3.44　提交投标文件

任务 7：提交投标文件。项目经理登录电子招投标项目交易平台，完成投标文件的在线提交工作。

学习资料

1. 投标相关法律法规知识点汇总

①投标人应当按照招标文件的要求编制投标文件。

投标文件应当对招标文件提出的实质性要求和条件作出响应。

投标人根据招标文件载明的项目实际情况，拟在中标后将中标项目的部分非主体、非关键性工作进行分包的，应当在投标文件中载明。

②招标人可以在招标文件中要求投标人提交投标保证金。

投标保证金除现金外，可以是银行出具的银行保函、保兑支票、银行汇票或现金支票。

投标保证金不得超过项目估算价的 2%，但最高不得超过 80 万元人民币。投标保证金有效期应当与投标有效期一致。

投标人应当按照招标文件要求的方式和金额，将投标保证金随投标文件提交给招标人或其委托的招标代理机构。

依法必须进行施工招标的项目的境内投标单位，以现金或者支票形式提交的投标保证金应当从其基本账户转出。

③投标人应当在招标文件要求提交投标文件的截止时间前，将投标文件密封送达投标地点。

招标人收到投标文件后,应当向投标人出具标明签收人和签收时间的凭证,在开标前任何单位和个人不得开启投标文件。

在招标文件要求提交投标文件的截止时间后送达的投标文件,招标人应当拒收。

④依法必须进行施工招标的项目,提交投标文件的投标人少于3个的,招标人应当在分析招标失败的原因并采取相应措施后,依法重新招标。

重新招标后投标人仍少于3个的,属于必须审批、核准的工程建设项目,报经原审批、核准部门审批、核准后可以不再进行招标;其他工程建设项目,招标人可自行决定不再进行招标。

⑤投标人在招标文件要求提交投标文件的截止时间前,可以补充、修改、替代或者撤回已提交的投标文件,并书面通知招标人。补充、修改的内容为投标文件的组成部分。

⑥在提交投标文件截止时间后到招标文件规定的投标有效期终止之前,投标人不得撤销其投标文件,否则招标人可以不退还其投标保证金。

⑦两个以上法人或者其他组织可以组成一个联合体,以一个投标人的身份共同投标。

联合体各方签订共同投标协议后,不得再以自己的名义单独投标,也不得组成新的联合体或参加其他联合体在同一项目中投标。

招标人接受联合体投标并进行资格预审的,联合体应当在提交资格预审申请文件前组成。资格预审后联合体增减、更换成员的,其投标无效。

联合体各方应当指定牵头人,授权其代表所有联合体成员负责投标和合同实施阶段的主办、协调工作,并应当向招标人提交由所有联合体成员法定代表人签署的授权书。

联合体投标的,应当以联合体各方或者联合体中牵头人的名义提交投标保证金。以联合体中牵头人名义提交的投标保证金,对联合体各成员具有约束力。

⑧有下列情形之一的,属于投标人相互串通投标:

a. 投标人之间协商投标报价等投标文件的实质性内容;

b. 投标人之间约定中标人;

c. 投标人之间约定部分投标人放弃投标或者中标;

d. 属于同一集团、协会、商会等组织成员的投标人按照该组织要求协同投标;

e. 投标人之间为谋取中标或者排斥特定投标人而采取的其他联合行动。

⑨有下列情形之一的,视为投标人相互串通投标:

a. 不同投标人的投标文件由同一单位或者个人编制;

b. 不同投标人委托同一单位或者个人办理投标事宜;

c. 不同投标人的投标文件载明的项目管理成员为同一人;

d. 不同投标人的投标文件异常一致或者投标报价呈规律性差异;

e. 不同投标人的投标文件相互混装;

f. 不同投标人的投标保证金从同一单位或者个人的账户转出。

⑩有下列情形之一的,属于招标人与投标人串通投标:

a. 招标人在开标前开启投标文件并将有关信息泄露给其他投标人;

b. 招标人直接或者间接向投标人泄露标底、评标委员会成员等信息;

c. 招标人明示或者暗示投标人压低或者抬高投标报价;

d. 招标人授意投标人撤换、修改投标文件；

e. 招标人明示或者暗示投标人为特定投标人中标提供方便；

f. 招标人与投标人为谋求特定投标人中标而采取的其他串通行为。

⑪投标人不得以他人名义投标。以他人名义投标，是指投标人挂靠其他施工单位，或从其他单位通过受让或租借的方式获取资格或资质证书，或者由其他单位及其法定代表人在自己编制的投标文件上加盖印章和签字等行为。

2. 投标文件的编制与提交

投标文件的编制与递交

1）投标文件的内容

投标文件应包括以下内容：

①投标函及投标函附录。

②法定代表人身份证明或附有法定代表人身份证明的授权委托书。

③联合体协议书（如工程允许采用联合体投标）。

④投标保证金。

⑤已标价工程量清单。

⑥施工组织设计。

⑦项目管理机构。

⑧拟分包项目情况表。

⑨资格审查资料。

⑩招标文件要求提供的其他材料。

2）投标文件的编制规定

投标文件的编制规定如图 3.45 所示。

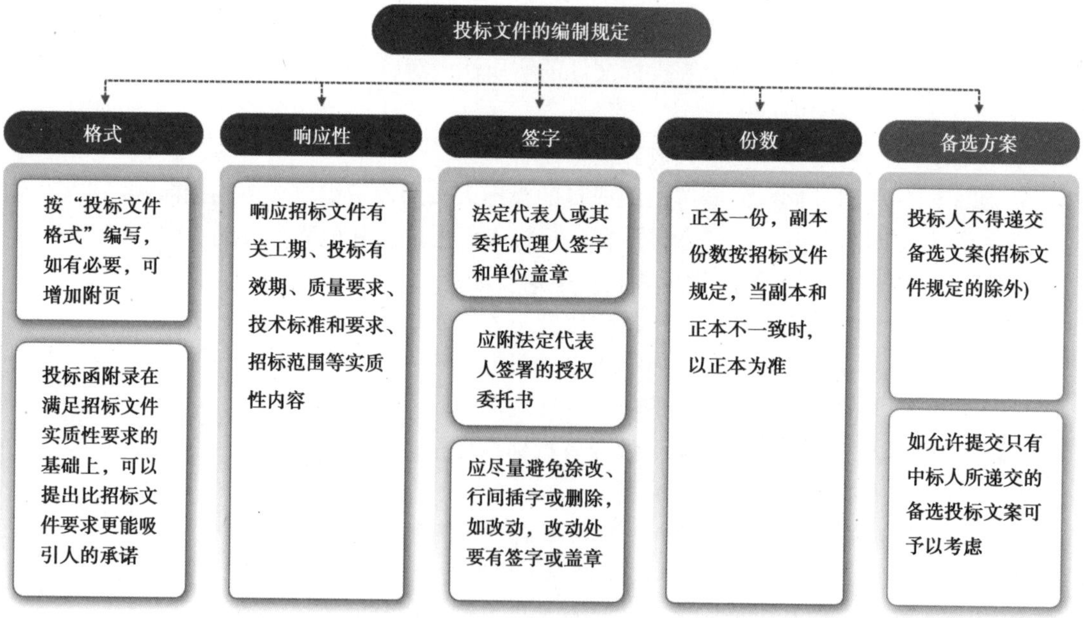

图 3.45　投标文件的编制规定

3）投标文件的提交

投标人应当在招标文件规定的提交投标文件的截止时间前，将投标文件密封好送达投标地点。招标人收到投标文件后，应当向投标人出具标明签收人和签收时间的凭证，在开标前任何单位和个人不得开启投标文件。未通过资格预审的申请人提交的投标文件，以及逾期送达或者不按照招标文件要求密封的投标文件，为无效投标文件，招标人应当拒收。

有关投标文件的提交还应注意的问题如图 3.46 所示。

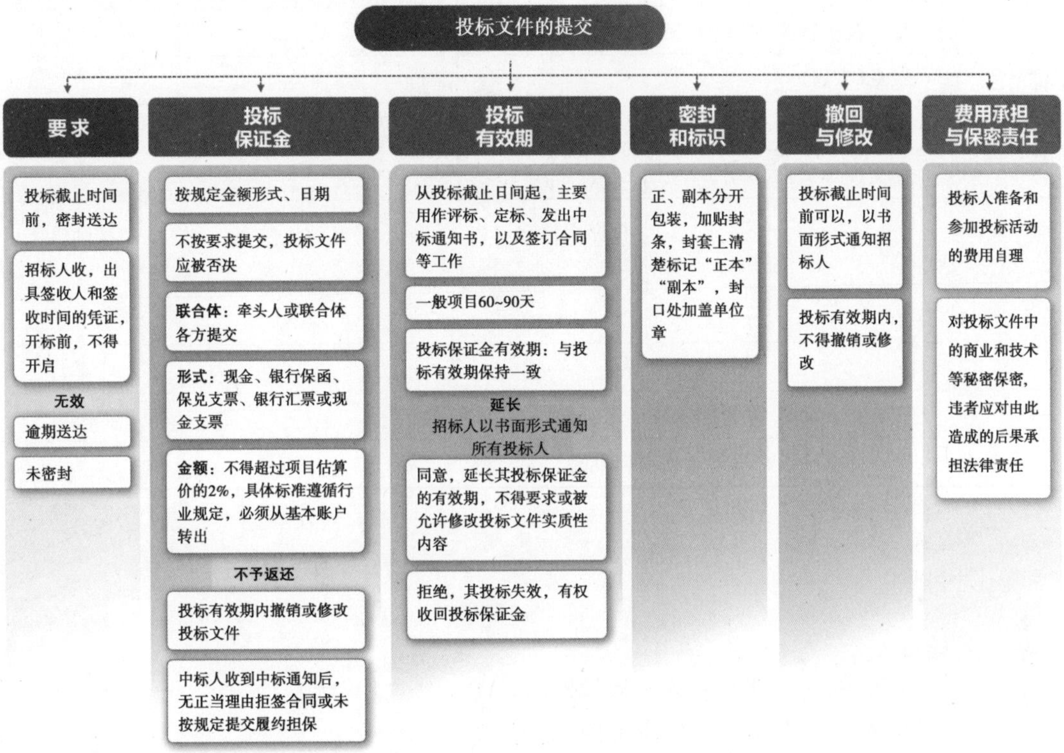

图 3.46　提交投标文件

评价与反思

完成“典型工作环节 5　编制电子投标文件”的学习表现评价和反思表。

典型工作环节名称	具体任务	学习表现评价（自评×30%＋互评×30%＋教师评价×40%）				学习表现反思	
		自评得分	互评得分	教师评价得分	小计得分	学生反思	教师点评
典型工作环节 5　编制电子投标文件	填写基本信息（15 分）						
	导入投标清单（5 分）						
	编制商务文件（60 分）						

续表

典型工作环节名称	具体任务	学习表现评价（自评×30%+互评×30%+教师评价×40%）				学习表现反思	
		自评得分	互评得分	教师评价得分	小计得分	学生反思	教师点评
典型工作环节5　编制电子投标文件	导入技术标文件(5分)						
	签章(5分)						
	生成投标文件(5分)						
	提交投标文件(5分)						
签字		自评人签字：			互评人签字：		教师签字：
最终得分							
累计得分							
对自己未来学习表现有何期待							

巩固训练

1. 选择题

(1)下列情形中，不属于投标人串通投标的是(　　)。(单选)

A. 投标人 A 与 B 的项目经理为同一人

B. 投标人 C 与 D 的投标文件相互混装

C. 投标人 E 与 F 在同一时刻提前提交投标文件

D. 投标人 G 与 H 的技术标由同一人编制

(2)下列情形中，属于投标人相互串通投标的是(　　)。(单选)

A. 不同投标人的投标报价呈现规律性差异

B. 不同投标人的投标文件由同一单位或个人编制

C. 不同投标人委托同一单位或个人办理某项投标事宜

D. 投标人之间约定中标人

(3)关于招标人与中标人合同的签订，下列说法正确的有(　　)。(多选)

A. 双方按照招标文件和投标文件订立书面合同

B. 双方在投标有效期内并在自中标通知书发出之日起 30 日内签订施工合同

C. 招标人要求中标人按中标价下浮 3% 后签订施工合同

D. 中标人无正当理由拒绝签订合同的，招标人可不退还其投标保证金

E. 招标人在与中标人签订合同后 5 日内，向所有投标人退还投标保证金

(4)关于施工招标文件,下列说法正确的有(　　)。(多选)

A. 招标文件应包括拟签合同的主要条款

B. 当进行资格预审时,招标文件中应包括投标邀请书

C. 自招标文件发出之日起至投标截止之日止不得少于 15 天

D. 招标文件不得说明评标委员会的组建方法

E. 招标文件应明确评标方法

(5)关于施工招标文件的疑问和澄清,下列说法正确的是(　　)。(单选)

A. 投标人可以口头提出疑问

B. 投标人不得在投标截止前的 15 天内提出疑问

C. 投标人收到澄清后的确认时间应按绝对时间设置

D. 招标文件的书面澄清应发给所有投标人

(6)关于投标文件的编制与提交,下列说法正确的有(　　)。(多选)

A. 投标函附录中可以提出比招标文件要求更能吸引招标人的承诺

B. 当投标文件的正本与副本不一致时以正本为准

C. 允许提交备选投标方案时,所有投标人的备选方案应同等对待

D. 在要求提交投标文件的截止时间后送达的投标文件为无效投标文件

E. 境内投标人以现金形式提交的投标保证金应当出自投标人的基本账户

(7)有关投标文件的提交,下列说法正确的是(　　)。(单选)

A. 投标保证金不应作为其投标文件的组成部分

B. 投标人不按要求提交投标保证金的,其投标文件应被否决

C. 联合体投标的,投标保证金只能由牵头人提交

D. 一般项目投标有效期为 30 ~ 60 天

(8)关于联合体投标需遵循的规定,下列说法正确的是(　　)。(单选)

A. 联合体各方签订共同投标协议后,可再以自己名义单独投标

B. 资格预审后联合体增减、更换成员的,其投标有效性待定

C. 由同一专业的单位组成的联合体,按其中较高资质确定联合体资质等级

D. 联合体投标的,可以联合体牵头人的名义提交投标保证金

(9)下列关于联合体投标的说法不正确的是(　　)。(单选)

A. 联合体投标指投标人相互约定在招标项目中分别以高、中、低价位报价的投标

B. 联合体投标应当向招标人提交由所有联合体成员法定代表人签署的授权书

C. 联合体中牵头人提交的投标保证金对其他成员具有约束力

D. 联合体各方应当指定牵头人

(10)根据《招标投标法实施条例》,关于依法必须招标项目中标候选人的公示,下列说法正确的有(　　)。(多选)

A. 应公示中标候选人

B. 公示对象是全部中标候选人

C. 公示期不得少于 3 日

D. 公示在开标后的第二天发布

E. 对有业绩信誉条件的项目,其业绩信誉情况应一并进行公示

2. 案例题

(1)某房地产公司计划在北京开发某住宅项目,采用公开招标的形式,有 A、B、C、D、E 5 家施工单位领取了招标文件。本工程招标文件规定 2023 年 1 月 20 日上午 10:30 为投标文件接收终止时间。在提交投标文件的同时,投标单位需提交投标保证金 20 万元。

在 2023 年 1 月 20 日,A、B、C、D 4 家施工单位在上午 10:30 前将投标文件送达,E 施工单位在上午 11:00 送达。各单位均按招标文件的规定提交了投标保证金。

在上午 10:25 时,B 施工单位向招标人提交了一份投标价格下降 5% 的书面说明。

在开标过程中,招标人发现 C 施工单位的标袋密封处仅有投标单位公章,没有法定代表人印章或签字。

问题:

①上述哪几家施工单位提交的投标文件无效?

②B 施工单位向招标人提交的书面说明是否有效?

③通常情况下,废标的条件有哪些?

(2)某总承包施工企业根据某安装工程的招标文件和施工方案决定按以下数据及要求进行投标,报价如下:安装工程,按设计文件计算出各分部分项工程工料机费用合计为 6000 万元,其中人工费占 10%;安装工程脚手架搭拆的工料机费用,按各分部分项工程人工费合计的 8% 计取,其中人工费占 25%;安全防护、文明施工措施费用,按当地工程造价管理机构发布的规定计 100 万元;根据当地《建筑工程安全防护、文明施工措施费用及使用管理规定》中"投标方安全防护、文明施工措施的报价,不得低于依据工程所在地工程造价管理机构测定费率计算所需费用总额的 90%"的规定,业主要求按 90% 计;其他措施费项目清单费用按 150 万元计。施工管理费、利润分别按人工费的 60%、40% 计。

按业主要求,总承包企业将占工程总量 20% 的部分专业工程发包给某专业承包企业,总承包服务费按分包专业工程各分部分项工程人工费合计的 15% 计取。规费按 82 万元计;税金按税率 3.50% 计。

问题:

请根据以上信息填写单项工程投标报价汇总表。

序号	项目名称	金额/万元
1	分部分项工程清单费用合计	
2	措施项目清单费用合计	
3	其他项目清单费用合计	
4	规费	
5	税金	
合计		

典型工作环节6 选择投标策略

具体任务

任务1:列举投标报价策略适用情形,完成表3.7。

表3.7 投标报价策略适用情形

投标策略	适用情形
报高价	
报低价	

任务2:列举投标报价方法适用情形,完成表3.8。

表3.8 投标报价方法适用情形

投标报价方法	适用情形
不平衡报价法	
多方案报价法	
增加建议法	
突然降价法	
保本竞标法	

任务3:运用决策树法进行投标决策。

某投标人结合自身情况,并根据过去类似工程投标经验数据,认为所投工程投高标的中标概率为0.3,投低标的中标概率为0.6。投高标中标后,经营效果可分为好、中、差三种可能,其概率分别为0.3、0.6、0.1,对应的损益值分别为500万元、400万元、250万元。投低标中标后,经营效果同样可分为好、中、差三种可能,其概率分别为0.2、0.6、0.2,对应的损益值分别为300万元、200万元、100万元。编制投标文件以及参加投标的相关费用为3万元。

①计算损益值的期望值,完成表3.9。

表3.9 计算损益值的期望值

期望值类型	投高标中标的损益值的期望值	投低标中标的损益值的期望值	投高标损益值的期望值	投低标损益值的期望值
计算过程				
计算结果				

②绘制决策树。

③进行投标决策。

任务 4:运用价值工程法进行投标决策。

某投标人参与一高层建筑的投标,由于该工地处市中心,基础工程施工对邻近建筑物影响很大,因此必须慎重选择基础维护工程施工方案。经营部经理要求造价工程师运用价值工程法对技术部门提出的 3 个施工方案进行分析比较,并从中选择最优方案投标。根据工程技术人员提出的 4 项技术评价指标及其相对重要性的描述,造价工程师运用 0—4 评分法得出各指标的相对重要性,如表 3.10 所示。

表 3.10 各指标的相对重要性

技术可靠性 F1		1	3	3	
维护效果 F2	3		3	4	
施工便利性 F3	1	1		2	
工期 F4	1	0	2		

经公司内部专家评定后,A、B、C 三方案的各指标得分如表 3.11 所示。

表 3.11 各方案的指标得分

方案	F1	F2	F3	F4
A	10	9	8	7
B	7	10	9	8
C	8	7	10	9

A、B、C 三方案的成本分别为 617 万元、554 万元、529 万元。

①计算功能系数、成本系数、价值系数,完成表 3.12。

表 3.12 各方案相关系数表

方案	功能系数	成本系数	价值系数
A			
B			
C			

②列出计算过程。

③进行投标决策。

学习资料

1. 基本策略

1)可选择报高价的情形

投标单位遇下列情形时,其报价可高一些:施工条件差的工程(如条件艰苦、场地狭小或地处交通要道等);专业要求高的技术密集型工程且投标单位在这方面有专长,声望也较高;总价低的小工程,以及投标单位不愿做而被邀请投标,又不便不投标的工程;特殊工程,如港口码头、地下开挖工程等;投标对手少的工程;工期要求紧的工程;支付条件不理想的工程。

2)可选择报低价的情形

投标单位遇下列情形时,其报价可低一些:施工条件好的工程,工作简单、工程量大且其他投标人都可以做的工程(如大量土方工程、一般房屋建筑工程等);投标单位急于打入某一市场、某一地区,或虽已在某一地区经营多年,但即将面临没有工程的情况,机械设备无工地转移;附近有工程而本项目可利用该工程的设备、劳务或有条件短期内突击完成的工程;投标对手多,竞争激烈的工程;非急需工程;支付条件好的工程。

2. 投标报价技巧

常用的投标报价技巧有不平衡报价法、多方案报价法、增加建议方案法、突然降价法、保本竞标法(无利润报价法)等。各种方法的适用范围如下:

1)不平衡报价法

不平衡报价法指在工程项目总报价基本确定后不提高总报价,通过调整项目内部各部分报价(调整范围不能过大),谋求结算时提高经济效益的方法。应用时需和网络分析、资金时间价值分析相结合。

说明:

①能够早日结算的项目(如前期措施费、基础工程、土石方工程等)可以适当提高报价,以利资金周转,提高资金时间价值。后期工程项目如设备安装、装饰工程等可适当降低报价。

②经过工程量复核,预计今后工程量会增加的项目,单价适当提高,这样在最终结算时可多盈利;而将来工程量有可能减少的项目,单价降低,工程结算时损失不大。

上述两种情况要统筹考虑,即对清单工程量有错误的早期工程,如果工程量不可能完成且有可能减少的项目,则不能盲目抬高价格,要具体分析后再确定。

③设计图纸不明确、估计修改后工程量要增加的,可以提高单价;而工程内容说明不清楚的,则可以降低单价,在工程实施阶段通过索赔再寻求提高单价的机会。

④暂定项目又称任意项目或选择项目,对这类项目要作具体分析,因为这一类项目要开工后由发包人研究决定是否实施,以及由哪一家投标人实施。如果工程不分标,不会由另一投标人施工,则其中肯定要施工的单价可高些,不一定施工的单价应该低些。如果工程分标,该暂定项目也可能由其他投标人施工时,则不宜报高价,以免抬高总报价。

⑤单价与包干混合制合同中,招标人要求有些项目采用包干报价时,宜报高价。一则这类项目多半有风险,二则这类项目在完成后可全部按报价结算,即可以全部结算回来。其余单价项目则可适当降低。

⑥有时招标文件要求投标人对工程量大的项目报"综合单价分析表",投标时可将单价分析表中的人工费及机械设备费报得高一些,而材料费报得低一些。这主要是因为在今后补充项目报价时,可以参考选用"综合单价分析表"中较高的人工费和机械费,而材料则往往采用市场价,从而可获得较高的收益。

【例】某承包商参与某高层商用办公楼土建工程的投标(安装工程由业主另行招标)。为了既不影响中标,又能在中标后取得较好的收益,该承包商决定采用不平衡报价法对原估价作适当调整,具体数字见表 3.13。

表 3.13　报价调整前后对比表　　单位:万元

项目	桩基围护工程	主体结构工程	装饰工程	总价
调整前(投标估价)	1 480	6 600	7 200	15 280
调整后(正式报价)	1 600	7 200	6 480	15 280

现假设桩基围护工程、主体结构工程、装饰工程的工期分别为 4 个月、12 个月、8 个月,贷款月利率为 1%,现值系数见表 3.14,并假设各分部工程每月完成的工作量相同且能按月度及时收到工程款(不考虑工程款结算所需要的时间)。

表 3.14　现值系数表

n	4	8	12	16
$(P/A,1\%,n)$	3.902 0	7.651 7	11.255 1	14.717 9
$(P/F,1\%,n)$	0.961 0	0.923 5	0.887 4	0.852 8

问题:

(1)该承包商采用不平衡报价法对原估价作适当调整,恰当吗?

(2)该承包商采用不平衡报价法所获得的工程款现值比原估价增加多少?

【解】

(1)恰当。因为该承包商是将属于前期工程的桩基围护工程和主体结构工程的单价调高,而将属于后期工程的装饰工程的单价调低,这样可以在施工的早期阶段收到较多的工程款,从而提高承包商所得工程款的现值;而且,这三类工程单价的调整幅度均在 ±10% 以内,属于合理范围。

(2)计算单价调整前后的工程款现值。

①单价调整前的工程款现值:

根据题意可知：

项目	桩基围护工程（4个月）	主体结构工程（12个月）	装饰工程（8个月）	总价
调整前（投标估价）	1 480万元	6 600万元	7 200万元	15 280万元

桩基围护工程每月工程款 $A_1=1\ 480/4=370$（万元）

主体结构工程每月工程款 $A_2=6\ 600/12=550$（万元）

装饰工程每月工程款 $A_3=7\ 200/8=900$（万元）

则单价调整前的工程款现值为：

$$PV=A_1(P/A,1\%,4)+A_2(P/A,1\%,12)\times(P/F,1\%,4)+A_3(P/A,1\%,8)\times(P/F,1\%,16)$$
$$=370\times3.902\ 0+550\times11.255\ 1\times0.961\ 0+900\times7.651\ 7\times0.852\ 8$$
$$=1\ 443.74+5\ 948.88+5\ 872.83$$
$$=13\ 265.45（万元）$$

②单价调整后的工程款现值：

根据题意可知：

项目	桩基围护工程（4个月）	主体结构工程（12个月）	装饰工程（8个月）	总价
调整后（正式报价）	1 600万元	7 200万元	6 480万元	15 280万元

桩基围护工程每月工程款 $A_1'=1\ 600/4=400$（万元）

主体结构工程每月工程款 $A_2'=7\ 200/12=600$（万元）

装饰工程每月工程款 $A_3'=6\ 480/8=810$（万元）

则单价调整后的工程款现值为：

$$PV'=A_1'(P/A,1\%,4)+A_2'(P/A,1\%,12)\times(P/F,1\%,4)+A_3'(P/A,1\%,8)\times(P/F,1\%,16)$$
$$=400\times3.902\ 0+600\times11.255\ 1\times0.961\ 0+810\times7.651\ 7\times0.852\ 8$$
$$=1\ 560.80+6\ 489.69+5\ 285.55$$
$$=13\ 336.04（万元）$$

③两者的差额为：

$$PV'-PV$$
$$=13\ 336.04-13\ 265.45$$
$$=70.59（万元）$$

因此，采用不平衡报价法后，该承包商所得工程款的现值比原估价增加70.59万元。

2）多方案报价法

招标文件中工程范围不明确，某些条款不清，在充分考虑风险、满足原招标文件规定技术要求的条件下，不仅对原方案提出报价，还可以提出新的方案进行报价。报价时要对两种方案进行技术与经济对比，新方案比原方案报价应低一些，以利于中标。

3)增加建议方案法

招标文件允许投标人提出建议时，可以对原设计方案提出新的建议，投标人可以提出技术上先进、操作上可行、经济上合理的建议。提出建议后要与原报价进行对比且有所降低。但要注意对原方案也要报价。建议方案不要写得太具体，要保留方案的技术关键，防止招标人将此方案交给其他投标人。同时要强调的是，建议方案一定要比较成熟，有很好的可操作性。

4)突然降价法

投标人对招标方案提出报价后，在充分了解投标信息的前提下，通过优化施工组织设计、加强内部管理、降低费用消耗的可能性分析，在投标截止时间之前，突然提出一个较原报价低的新报价，以利中标。

5)保本竞标法(无利润报价法)

保本竞标法(无利润报价法)是投标人在可能中标的情况下拟将部分工程转包给报价低的分包商，或对于分期投标的工程采取前段中标后段得利，或为了开拓建筑市场、扭转企业长期无标的困境时采取的策略。

3. 投标决策的方法

1)决策树法

决策树法应用案例

将损益期望值法中的各个方案的情况用一个概率树表示，就形成了决策树。决策树模拟树木生长的过程，从出发点开始不断分枝来表示所分析问题的各种发展可能性，并以各分枝的损益期望值中的最大者作为选择的依据。

(1)决策树法的决策过程

决策树法的决策过程如下：

①根据已知情况绘出决策树；

②计算自然状态点的损益期望值：

$$E_i = \sum P_i B_i$$

式中，P_i 是指概率分枝的概率，B_i 是指损益值。

注意：计算期望值是从终点开始逆向逐步计算的。

③确定决策方案。根据各方案的损益期望值进行判断，即以各方案枝端自然状态点的损益期望值为判断依据。在比较方案时，若考虑的是收益值，则取最大期望值；若考虑的是损失，则取最小期望值。

(2)决策树的画法

决策树的画法如下：

①先画一个方框作为出发点，又称决策节点。

②从决策节点向右引出若干条直(折)线，每条线代表一个方案，称为方案枝。

③每个方案枝末端画一个圆圈，称为概率分叉点或自然状态点。

④从自然状态点引出代表各自自然状态的直线，称为概率分枝，直线上用括号注明各自然状态及其发生的概率。

⑤如果问题只需要一级决策，则概率分枝末端画一个“△”表示终点。终点右侧写上各自然状态的期望值。如需作第二阶段决策，则用“决策节点”代替“终点”，再重复上述步骤画出决策树。

决策树示意如图3.47所示。

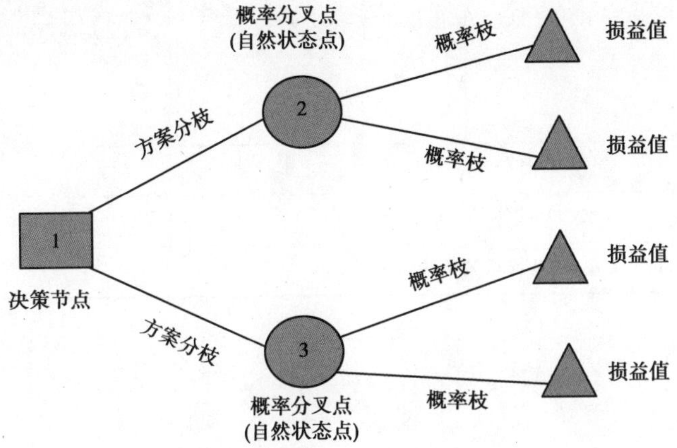

图3.47　决策树

2)价值工程法

价值工程是一种用最低的总成本可靠地实现产品或劳务的必要功能，着重进行功能分析的有组织的活动。价值的表达式为：

$$价值(V)=功能(F)/成本(C)$$

需分别计算方案的价值系数，选择价值系数最高的方案作为决策方案。

价值工程法应用案例

评价与反思

完成“典型工作环节6　选择投标策略”的学习表现评价和反思表。

典型工作环节名称	具体任务	学习表现评价（自评×30%+互评×30%+教师评价×40%）				学习表现反思	
		自评得分	互评得分	教师评价得分	小计得分	学生反思	教师点评
典型工作环节6　选择投标策略	列举投标报价策略适用情形(15分)						
	列举投标报价方法适用情形(15分)						
	计算损益值的期望值(10分)						
	绘制决策树(20分)						
	进行投标决策(5分)						
	计算功能系数、成本系数、价值系数(15分)						
	列出计算过程(15分)						
	进行投标决策(5分)						

续表

签字	自评人签字:	互评人签字:	教师签字:
最终得分			
累计得分			
对自己未来学习表现有何期待			

巩固训练

1. 选择题

(1)投标单位遇到下列情形时,其报价可高一些的是(　　)。(单选)

A. 施工条件差的工程(如条件艰苦、场地狭小或地处交通要道等),或专业要求高的技术密集型工程且投标单位在这方面有专长,声望也较高

B. 总价低的小工程,以及投标单位不愿做而被邀请投标,又不便不投标的工程

C. 特殊工程,如港口码头、地下开挖工程等

D. 非急需工程

(2)某工程项目在估算时算得成本是 1 000 万元人民币,概算时算得成本是 950 万元人民币,预算时算得成本是 900 万元人民币,投标时某承包商根据自己企业定额算得成本是 800 万元人民币。根据《招标投标法》的规定"投标人不得以低于成本的报价竞标",该承包商投标时报价不得低于(　　)。(单选)

A. 1000 万元　　B. 950 万元　　C. 900 万元　　D. 800 万元

(3)关于最高投标限价及其编制,下列说法正确的是(　　)。(单选)

A. 招标人不得拒绝高于最高投标限价的投标报价

B. 当重新公布最高投标限价时,原投标截止期不变

C. 经复核认为最高投标限价误差大于 ±3% 时,投标人应责成招标人改正

D. 投标人经复核认为最高投标限价未按规定编制的,应在最高投标限价公布后 5 日内提出投诉

2. 拓展题

(1)某公司决定参与某工程投标,经造价师估价,该工程估算成本为 1 500 万元,其中材料费占 60%。拟以高、中、低三个报价方案的利润率分别为 10%、7%、4%。根据过去类似工程的投标经验,相应的中标概率分别为 0.3、0.6、0.9。编制投标文件费用为 5 万元。该工程业主在招标文件中明确规定采用固定总价合同。据估计,在施工过程中材料费可能平均上涨 3%,其发生概率为 0.4。请利用决策树帮助承包人决策报价方案。

(2)某投标人通过资格预审后,对招标文件进行了仔细分析,发现业主所提出的工期要求过于苛刻,且合同条款中规定每拖延 1 天工期罚合同价的 1‰,若要保证实现该工期要求,必须采取特殊措施,从而增加成本;还发现原设计结构方案采用框架剪力墙体系过于保守。因

此,该承包商在投标文件中说明业主的工期要求难以实现,因而在工期方面按自己认为的合理工期(比业主要求的工期增加6个月)编制施工进度计划并据此报价;还建议将框架剪力墙体系改为框架体系,并对这两种体系进行了技术经济分析和比较,证明框架体系不仅能保证工程结构的可靠性和安全性、增加使用面积、提高空间利用灵活性,而且可以降低造价约3%。

该承包商将技术标和商务标分别封装,在封口处加盖本单位公章和法定代表人签字后,于投标截止日前1天上午将投标文件报送招标人。次日(投标截止日当天)下午,在规定的开标时间前1小时,该承包商又提交了一份补充材料,其中声明将原报价降低4%。

问:该投标人运用了哪几种报价技巧?运用是否得当?请逐一说明。

项目4　开标、评标、定标及签订合同业务

◇知识目标

1. 熟悉开标的要求和程序；
2. 熟悉评标的概念和评标组织的形式；
3. 掌握评标的方法；
4. 掌握合同文件的解释顺序。

◇能力目标

1. 能够完成评标委员会的组建；
2. 能够结合实际案例进行评标计算从而确定中标人；
3. 能够进行合同谈判和合同签订；
4. 能够明确建设工程施工合同各方义务。

◇素养目标

1. 培养学生协调沟通的能力；
2. 增强实操能力，潜移默化提升学生的职业素养；
3. 强化学生严谨、细致的学习态度和团队协作意识。

典型工作环节1　开　标

具体任务

任务：针对开标的具体要求和程序，完成表4.1。

表4.1　开标的具体要求和程序

开标时间	
开标地点	
开标主持人	
参加开标会的人员	
开标的程序	

学习资料

开标

开标指在投标人提交投标文件后，招标人依据招标文件规定的时间和地点，开启投标人提交的投标文件，公开宣布投标人的名称、投标价格及其他主要内容的行为。开标的有关注意事项如图4.1所示。

图4.1　开标的有关注意事项

1. 开标时间

开标时间应当在提供给每一个投标人的招标文件中事先确定，使每一个投标人都能事先知道开标的准确时间，以便届时参加，确保开标过程公开、透明。

开标时间应与提交投标文件的截止时间相一致。将开标时间规定为提交投标文件截止时间的同一时间，目的是防止招标人或者投标人利用提交投标文件的截止时间之后与开标时间之前的一段时间进行暗箱操作。比如，有些投标人可能会利用这段时间与招标人或招标代理机构串通，对投标文件的实质性内容进行更改等。关于开标的具体时间，实践中可能会有两种情况，如果开标地点与接收投标文件的地点相一致，则开标时间与提交投标文件的截止时间应一致；如果开标地点与提交投标文件的地点不一致，则开标时间与提交投标文件的截止时间应有合理的时间间隔。《招标投标法》关于开标时间的规定，与国际通行做法大体是一致的。如联合国示范法规定，开标时间应为招标文件中规定作为投标截止日期的时间。世界银行采购指南规定，开标时间应该和招标通告中规定的截标时间相一致或随后马上宣布。其中，“马上”的含义可理解为需留出合理的时间把投标文件送到公开开标的地点。

开标应当公开进行。所谓公开进行，就是开标活动应当向所有提交投标文件的投标人公开，应当使所有提交投标文件的投标人到场参加开标。通过公开开标，投标人可以发现竞争对手的优势和劣势，可以判断自己中标的可能性大小，以决定下一步应采取什么行动。这样规定是为了保护投标人的合法权益，只有公开开标，才能体现和维护公开透明、公平公正的原则。

2. 开标地点

开标地点应为招标文件中预先确定的地点。按照国家的有关规定和各地的实践，招标文件中预先确定的开标地点一般为建设工程交易中心。

为了使所有投标人都能事先知道开标地点，并能按时到达，开标地点应当在招标文件中事先确定，以便每一个投标人都能为参加开标活动做好充分的准备，如根据情况选择适当的交通工具，提前做好机票、车票的预订工作，等等。招标人如果确有特殊原因，需要变动开标地点，则应当按照《招标投标法》的规定对招标文件作出修改，作为招标文件的补充文件，书面通知每一个提交投标文件的投标人。

3. 参加开标会议的人员

参加开标会议的人员，包括招标人或其代表人、招标代理人、投标人法定代表人或其委托代理人、招标投标管理机构的监管人员和招标人自愿邀请的公证机构的人员等。评标组织成员不参加开标会议。开标会议由招标人或招标代理人组织，由招标人或招标人代表主持，并在招标投标管理机构的监督下进行。

4. 开标程序

开标会议的程序一般是：

①参加开标会议的人员签名报到，表明与会人员已到会。

②会议主持人宣布开标会议开始，宣读招标人法定代表人资格证明或招标人代表的授权委托书，介绍参加会议的单位和人员名单，宣布唱标人员、记录人员名单。唱标人员一般由招标人的工作人员担任，也可以由招标投标管理机构的人员担任。记录人员一般由招标人或其代理人担任。

③介绍工程项目有关情况，请投标人或其推选的代表检查投标文件的密封情况，并签字予以确认；也可以请招标人自愿委托的公证机构检查并公证。

④由招标人代表当众宣布评标定标办法。

⑤由招标人或招标投标管理机构的人员核查各投标人提交的投标文件和有关证件、资料，检视其密封、标志、签署等情况。经确认无误后，当众启封投标文件，宣布核查检视结果。

⑥由唱标人员进行唱标。唱标是指公布投标文件的主要内容，当众宣读投标文件的投标人名称、投标报价、工期、质量、主要材料用量、投标保证金、优惠条件等主要内容。唱标按各投标人报送投标文件时间的先后逆顺序进行。

⑦由招标投标管理机构当众宣布审定后的标底。

⑧由投标人的法定代表人或其委托代理人核对开标会议记录，并签字确认开标结果。

开标会议的记录人员应现场制作开标会议记录，将开标会议的全过程和主要情况，特别是投标人参加会议的情况、对投标文件的核查检视结果、开启并宣读的投标文件和标底的主要内容等当场记录在案，并请投标人的法定代表人或其委托代理人核对无误后签字确认。开标会议记录应存档备查。投标人在开标会议记录上签字后，即退出会场。至此，开标会议结束，转入评标阶段。

5. 注意事项

①招标人在招标文件要求提交投标文件的截止时间前收到的所有投标文件，开标时都应当众予以拆封，不能遗漏，否则就构成对投标人的不公正对待。

②开标过程应当记录，并存档备查。

③投标人少于 3 个的，不得开标；招标人应当重新招标。

④投标人对开标有异议的，应当在开标现场提出，招标人应当当场作出答复，并记录。

6. 开标时不予受理的投标情形

开标时不予受理的投标情形：

①逾期送达或未送达指定地点。

②未按要求密封。

评价与反思

完成“典型工作环节 1　开标”的学习表现评价和反思表。

<table>
<tr><td rowspan="2">典型工作环节名称</td><td rowspan="2">具体任务</td><td colspan="4">学习表现评价
（自评×30%＋互评×30%＋教师评价×40%）</td><td colspan="2">学习表现反思</td></tr>
<tr><td>自评得分</td><td>互评得分</td><td>教师评价得分</td><td>小计得分</td><td>学生反思</td><td>教师点评</td></tr>
<tr><td rowspan="5">典型工作环节 1 开标</td><td>开标时间(10 分)</td><td></td><td></td><td></td><td></td><td></td><td></td></tr>
<tr><td>开标地点(10 分)</td><td></td><td></td><td></td><td></td><td></td><td></td></tr>
<tr><td>开标主持人(10 分)</td><td></td><td></td><td></td><td></td><td></td><td></td></tr>
<tr><td>参加开标会人员(10 分)</td><td></td><td></td><td></td><td></td><td></td><td></td></tr>
<tr><td>开标会的程序(60 分)</td><td></td><td></td><td></td><td></td><td></td><td></td></tr>
<tr><td colspan="2">签字</td><td colspan="3">自评人签字：</td><td colspan="2">互评人签字：</td><td>教师签字：</td></tr>
<tr><td colspan="5">最终得分</td><td colspan="3"></td></tr>
<tr><td colspan="5">累计得分</td><td colspan="3"></td></tr>
<tr><td colspan="5">对自己未来学习表现有何期待</td><td colspan="3"></td></tr>
</table>

巩固训练

1. 选择题

（1）根据《建设工程工程量清单计价规范》（GB 50500—2013）对最高投标限价的有关规定，下列说法正确的是（　　）。（单选）

A. 最高投标限价公布后根据需要可以上浮或下调

B. 招标人可以只公布最高投标限价总价，也可以只公布单价

C. 最高投标限价可以在招标文件中公布，也可以在开标时公布

D. 高于最高投标限价的投标报价应被拒绝

（2）根据《招标投标法》，下列有关开标参与人的说法正确的是（　　）。（单选）

A. 招标人应当委托公证机构对开标过程进行公证

B. 开标应当由投标人主持

C. 招标人应当邀请所有投标人参加开标，未到场的投标人应当视为放弃投标

D. 投标人应当邀请纪检监察部门参加开标

(3)按照《招标投标法》和相关法规的规定，开标后允许(　　)。(单选)

A. 投标人更改投标文件的内容和报价

B. 投标人再增加优惠条件

C. 评标委员会对投标文件的错误加以修正

D. 招标人更改评标标准和办法

(4)根据《招标投标法》的有关规定，下列说法符合开标程序的是(　　)。(单选)

A. 开标应当在招标文件确定的提交投标文件截止时间的同一时间公开进行

B. 开标地点由招标人在开标前通知

C. 开标由建设行政主管部门主持，邀请中标人参加

D. 开标由建设行政主管部门主持，邀请所有投标人参加

(5)投标单位在投标报价中对工程量清单中的每一单项均需计算填写单价和合价，在开标后发现投标单位没有填写单价和合价的项目，则(　　)。(单选)

A. 允许投标单位补充填写

B. 视为废标

C. 退回投标文件

D. 认为此项费用已包括在工程量清单的其他单价和合价中

(6)根据《招标投标法》规定，开标应由(　　)主持。(单选)

A. 地方政府相关行政主管部门　　B. 招标代理机构

C. 招标人　　D. 中介机构

(7)下列评标委员会成员中，符合《招标投标法》规定的是(　　)。(多选)

A. 甲某，由招标人从省人民政府有关部门提供的专家名册中确定

B. 乙某，现任某公司法定代表人，该公司常年为某投标人提供建筑材料

C. 丙某，从事招标工程项目领域工作满 10 年并具有高级职称

D. 丁某，在开标后、中标结果确定前将自己担任评标委员会成员的事告诉了某投标人

(8)采用公开招标方式，应当公开的有(　　)。(多选)

A. 评标的程序　　B. 评标人的名单

C. 开标的程序　　D. 评标的标准

(9)《招标投标法》规定，开标时由(　　)检查投标文件密封情况，确认无误后当众拆封。(多选)

A. 招标人　　B. 投标人或投标人推选的代表

C. 评标委员会　　D. 地方政府相关行政主管部门

E. 公证机构

2. 案例题

某依法必须进行招标的工程施工项目采用资格后审组织公开招标。在投标截止时间前，招标人共受理了 7 份投标文件，随后组织有关人员对投标人的资格进行审查，查对有关证明、证件的原件。开标时，有一个投标人没有派人参加开标会议，还有一个投标人少携带一个证件的原件，没能通过招标人组织的资格审查。招标人对通过资格审查的投标人 A、B、C、D、E

组织了开标。

投标人A没有提交投标保证金,招标人当场宣布A的投标文件为无效投标文件,不进入唱标程序。

唱标过程中,投标人B的投标函上有两个投标报价,招标人要求其确认其中一个报价进行唱标;投标人C在投标函上填写的报价,大写与小写不一致,招标人查对其投标文件中工程报价汇总表,发现投标函上报价的小写数值与投标报价汇总表一致,于是按照其投标函上的小写数值进行唱标;投标人D的投标函没有盖投标人单位印章,同时又没有法定代表人或其委托代理人签字,招标人唱标后,当场宣布其投标为废标。

问题:

(1)招标人确定进入开标或唱标投标人的做法是否正确?为什么?如不正确,正确的做法是怎样的?

(2)招标人在唱标过程中针对一些特殊情况的处理是否正确?为什么?

典型工作环节2　评　标

具体任务

任务1:列举评标委员会的要求。

任务2:比较两种评标方法,完成表4.2。

表4.2　比较两种评标方法

评审方法	适用范围	评审标准	评审结果
经评审的最低投标价法			
综合评估法			

任务3:简述评标的程序。

学习资料

1. 评标程序和评标标准

1）清标与初步评审

（1）清标

根据《建设工程造价咨询规范》（GB/T 51095—2015）的规定，清标是指招标人或工程造价咨询企业在开标后且评标前，对投标人的投标报价是否响应招标文件、违反国家有关规定，以及报价的合理性、算术性错误等进行审查并出具意见的活动。

清标工作的内容包括：

①对招标文件的实质性响应；

②错漏项分析；

③分部分项工程项目清单综合单价的合理性分析；

④措施项目清单的完整性和合理性分析，以及其中不可竞争性费用的正确分析；

⑤其他项目清单完整性和合理性分析；

⑥不平衡报价分析；

⑦暂列金额、暂估价正确性复核；

⑧总价与合价的算术性复核及修正建议；

⑨其他应分析和澄清的问题。

（2）初步评审及标准

①评标方法：经评审的最低投标价法和综合评估法。两方法在初步评审阶段，其内容和标准基本是一致的。

②初步评审标准如表 4.3 所示。

表 4.3　初步评审标准

形式	投标人名称与营业执照、资质证书、安全生产许可证一致；投标函由法定代表人或代理人签字并盖章；格式符合要求；提交联合体协议书并明确牵头人；报价唯一
资格	未进行资格预审：具备有效的营业执照、安全生产许可证，资质等级、财务状况、业绩、信誉等符合规定（有效性） 已进行资格预审：按照详细审查标准进行
响应性（与价格、时间、质量有关的）	投标报价校核：审查报价的正确性，分析报价构成的合理性，与最高投标限价对比分析，工期、质量、投标有效期、投标保证金等均应符合招标文件的有关要求 即投标文件响应招标文件的条款和条件，无显著的差异或保留 无显著差异或保留：对工程的范围、质量及使用性能产生实质性影响；偏离了招标文件的要求，而对合同中规定的招标人的权利或者投标人的义务造成实质性限制；纠正这种差异或保留对提交了实质性响应要求的投标文件的其他投标人的竞争地位产生不公正影响
施工组织设计和项目管理机构	施工方案与技术措施、质量管理体系与措施、安全管理体系与措施、环境保护管理体系与措施、工程进度计划与措施、资源配备计划、技术负责人、其他主要人员、施工设备、试验、检测仪器设备等，符合有关标准

2)详细评审标准与方法(技术、商务部分进一步评审)

详细评审的方法有经评审的最低投标价法和综合评估法两种。评标方法应结合项目的特点、目标要求等条件确定。评标委员会成员应当按照招标文件规定的评标方法评审。招标文件没有规定的评标标准和方法不得作为评标的依据。

(1)经评审的最低投标价法

经评审的最低投标价法是指评标委员会对满足招标文件实质要求的投标文件,根据详细评审标准规定的量化因素及量化标准进行价格折算,按照经评审的投标价由低到高的顺序推荐中标候选人,或根据招标人授权直接确定中标人,但投标报价低于其成本的除外。经评审的投标价相等时,投标报价低的优先;投标报价也相等的,由招标人自行确定。

经评审的最低投标价法一般适用于具有通用技术、性能标准或者招标人对其技术、性能没有特殊要求的招标项目。这种评标方法应当是一般项目的首选评标方法。

采用经评审的最低投标价法的,评标委员会应当根据招标文件中规定的评标价格调整方法,对所有投标人的投标报价以及投标文件的商务部分作必要的价格调整。

中标人的投标应当符合招标文件规定的技术要求和标准,但评标委员会无须对投标文件的技术部分进行价格折算。

根据经评审的最低投标价法完成详细评审后,评标委员会应当拟定一份"价格比较一览表",连同书面评标报告提交招标人。"价格比较一览表"应当载明投标人的投标报价、对商务偏差的价格调整和说明以及已评审的最终投标价。

(2)综合评估法

不宜采用经评审的最低投标价法的招标项目,一般应当采取综合评估法进行评审。综合评估法是指评标委员会对满足招标文件实质性要求的投标文件,按照规定的评分标准进行打分,并按得分由高到低的顺序推荐中标候选人,或根据招标人授权直接确定中标人,但投标报价低于其成本的除外。综合评分相等时,以投标报价低的优先;投标报价也相等的,由招标人自行确定。

评标委员会对各个评审因素进行量化时,应当将量化指标建立在同一基础或者同一标准上,使各投标文件具有可比性。对技术部分和商务部分进行量化后,评标委员会应当对这两部分的量化结果进行加权,计算出每一投标的综合评估价或者综合评估分。根据综合评估法完成评标后,评标委员会应当拟定一份"综合评估比较表",连同书面评标报告提交招标人。

两种评审方法的比较如表4.4所示。

评标基准价的计算方法应在投标人须知前附表中予以明确。招标人可依据招标项目的特点、行业管理规定给出评标基准价的计算方法,确定时也可适当考虑投标人的投标报价。

表 4.4　两种评审方法比较

评审方法	适用范围	评审标准	评审结果
经评审的最低投标价法	具有通用技术、性能标准或者招标人对其技术、性能没有特殊要求的招标项目	①根据招标文件规定的量化因素和标准进行价格折算，对报价以及商务部分做价格调整，主要的量化因素包括单价遗漏和付款条件等，招标人可根据需要进一步删减、补充或细化 ②世界银行贷款项目，考虑的量化因素和标准包括：一定条件下的优惠（借款国国内投标人有 7.5% 的评标优惠）、工期提前的效益和多个标段的评标修正	①按经评审的投标价由低到高的顺序推荐中标候选人；经评审的投标价相等，报价低优先，投标报价也相等的，优先条件由招标人事先在招标文件中确定 ②评标委员会拟定“价格比较一览表”，载明投标报价、对商务偏差的价格调整以及已评审的最终投标价
综合评估法（100 分制）	不宜采用经评审的最低投标价法的招标项目	①分值构成：施工组织设计；项目管理机构；投标报价；其他评分因素 ②偏差率 =（投标人报价 - 评标基准价）/评标基准价 ×100%	①按评分标准进行打分，得分由高到低推荐中标候选人。综合评分相等，报价低优先；报价也相等，优先条件由招标人事先在招标文件中确定 ②评标委员会拟定“综合评估比较表”，载明投标报价、所做的任何修改、商务偏差的调整、技术偏差的调整、对各评审因素的评估以及对每一投标的最终评审结果

2. 相关法律法规知识点汇总

①评标委员会要求。

a. 评标委员会的组建：

• 评标委员会由招标人负责组建，负责评标活动，向招标人推荐中标候选人或者根据招标人的授权直接确定中标人。

• 评标委员会由招标人或其委托的招标代理机构熟悉相关业务的代表，以及有关技术、经济等方面的专家组成，成员人数为 5 人以上的单数，其中技术、经济等方面的专家不得少于成员总数的 2/3。评标委员会设负责人的，负责人由评标委员会成员推举产生或者由招标人确定，评标委员会负责人与评标委员会的其他成员有同等的表决权。

• 评标委员会的专家成员应当从省级以上人民政府有关部门提供的专家名册或者招标代理机构专家库内的相关专家名单中确定。确定评标专家，可以采取随机抽取或者直接确定的方式。一般项目，可以采取随机抽取的方式；技术特别复杂、专业性要求特别高或者国家有特殊要求的招标项目，采取随机抽取方式确定的专家难以胜任的，可以按照规定的程序由招标人直接确定。任何单位和个人不得以明示、暗示等任何方式指定或者变相指定参加评标委员会的专家成员。评标委员会成员与投标人有利害关系的，应当主动回避。

b. 评标委员会专家成员应具备的条件：

● 从事相关专业领域工作满八年并具有高级职称或者同等专业水平。

● 熟悉有关招标投标的法律法规，并具有与招标项目相关的实践经验。

● 能够认真、公正、诚实、廉洁地履行职责。

c. 有下列情形之一的，不得担任评标委员会成员，应当回避：

● 投标人或投标人主要负责人的近亲属。

● 项目主管部门或者行政监督部门人员。

● 与投标人有经济利益关系，可能影响投标评审公正性的。

● 曾因在招标、评标以及其他与招标投标有关活动中从事违法行为而受到行政处罚或刑事处罚的。

②评标时处理投标文件的细微偏差。

细微偏差是指投标文件在实质上响应招标文件要求，但在个别地方存在漏项或者提供了不完整的技术信息和数据等情况，并且补正这些遗漏或者不完整，不会对其他投标人造成不公平的结果。细微偏差不影响投标文件的有效性。评标委员会可以书面方式要求投标人对投标文件中含义不明确、对同类问题表述不一致或者有明显文字和计算错误的细微偏差作必要的澄清、说明或补正。评标委员会应当书面要求存在细微偏差的投标人在评标结束前予以补正。拒不补正的，在详细评审时可以对细微偏差作不利于该投标人的量化，量化标准应当在招标文件中明确规定。评标委员会不得向投标人提出带有暗示性或诱导性的问题，或向其明确投标文件中的遗漏和错误。

③评标委员会在对实质上响应招标文件要求的投标文件进行报价评估时，除招标文件另有约定外，应当按下述原则进行修正：

a. 用数字表示的数额与用文字表示的数额不一致时，以文字数额为准；

b. 单价与工程量的乘积与总价不一致时，以单价为准。若单价有明显的小数点错位，应以总价为准，并修改单价。

按规定调整后的报价经投标人确认后产生约束力。

投标文件中没有列入的价格和优惠条件在评标时不予考虑。

④投标文件不响应招标文件的实质性要求和条件的，评标委员会不得允许投标人通过修正或撤销其不符合要求的差异或保留，使之成为具有响应性的投标。

⑤对于投标人提交的优于招标文件中技术标准的备选投标方案所产生的附加收益，不得考虑进评标价中。符合招标文件的基本技术要求且评标价最低或综合评分最高的投标人，其提交的备选方案方可予以考虑。

⑥招标人设有标底的，标底在评标中应当作为参考，但不得作为评标的唯一依据。

⑦评标委员会推荐的中标候选人应当限定在一至三人，并标明排列顺序。招标人应当接受评标委员会推荐的中标候选人，不得在评标委员会推荐的中标候选人之外确定中标人。

⑧评标委员会应当否决投标的情形：

a. 投标文件未经投标单位盖章和单位负责人签字；

b. 投标联合体没有提交共同投标协议；

c. 投标人不符合国家或者招标文件规定的资格条件；

d. 同一投标人提交两个以上不同的投标文件或者投标报价，但招标文件要求提交备选投标的除外；

e. 投标报价低于成本或者高于招标文件设定的最高投标限价；

f. 投标文件没有对招标文件的实质性要求和条件作出响应；

g. 投标人有串通投标、弄虚作假、行贿等违法行为。

⑨评标委员会可以否决所有投标的规定。根据《招标投标法》的规定，评标委员会经评审，认为所有投标都不符合招标文件要求的，可以否决所有投标。所有投标文件都不符合招标文件要求的情况，通常有以下几种：

a. 最低评标价大大超过标底或合同估价，招标人无力接受投标；

b. 所有投标人在实质上均未响应投标文件的要求；

c. 投标人过少，没有达到预期的竞争性。

⑩提交书面评标报告和中标候选人名单

依法必须进行施工招标的项目，评标完成后，评标委员会应当向招标人提交书面评标报告和中标候选人名单。中标候选人应当不超过 3 个，并标明排序。评标报告应当由评标委员会全体成员签字。对评标结果有不同意见的评标委员会成员应当以书面形式说明其不同意见和理由，评标报告应当注明该不同意见。评标委员会成员拒绝在评标报告上签字又不书面说明其不同意见和理由的，视为同意评标结果。

超过 1/3 的评标委员会成员认为评标时间不够的，招标人应当适当延长评标时间。

【例 1】某工业厂房项目的招标人经过多方了解，邀请了 A、B、C 三家技术实力和资信俱佳的投标人参加该项目的投标。

招标文件规定：评标时采用最低综合报价（相当于经评审的最低投标价）中标的原则，但最低投标价低于次低投标价 10% 的报价将不予考虑。工期不得长于 18 个月，若投标人自报工期少于 18 个月，在评标时将考虑其给招标人带来的收益，折算成综合报价后进行评标。若实际工期短于自报工期，每提前 1 天奖励 1 万元；若实际工期超过自报工期，每拖延 1 天罚款 2 万元。

A、B、C 三家投标人投标书中与报价和工期有关的数据汇总于表 4.5。

假定：贷款月利率为 1%，各分部工程每月完成的工作量相同，在评标时考虑工期提前给招标人带来的收益为每月 40 万元。

表 4.5　投标参数汇总表

投标人	基础工程		上部结构工程		安装工程		安装工程与上部结构工程搭接时间/月
	报价/万元	工期/月	报价/万元	工期/月	报价/万元	工期/月	
A	400	4	1 000	10	1 020	6	2
B	420	3	1 080	9	960	6	2
C	420	3	1 100	10	1 000	5	3

问题：

(1)我国《招标投标法》对中标人的投标条件是如何规定的？

(2)应选择哪家投标人作为中标人？如果该中标人与招标人签订合同，合同价应为多少？

【解】

(1)我国《招标投标法》第四十一条规定,中标人的投标应当符合下列条件之一:

①能够最大限度地满足招标文件规定的各项综合评价标准;

②能够满足招标文件的实质性要求,并且经评审的投标价格最低,但是投标价格低于成本的除外。

(2)计算各投标人的综合报价(即经评审的投标价):

①投标人A的总报价为:400+1 000+1 020=2 420(万元)

总工期为:4+10+6-2=18(月)

相应的综合报价 P_A=2420(万元)

②投标人B的总报价为:420+1 080+960=2 460(万元)

总工期为:3+9+6-2=16(月)

相应的综合报价 P_B=2 460-40×(18-16)=2 380(万元)

③投标人C的总报价为:420+1 100+1 000=2 520(万元)

总工期为:3+10+5-3=15(月)

相应的综合报价 P_C=2 520-40×(18-15)=2 400(万元)

因此,若不考虑资金的时间价值,投标人B的综合报价最低,应选择其作为中标人。

【例2】 某市重点工程项目计划投资4 000万元,采用工程量清单方式公开招标。经资格预审后,确定A、B、C共3家合格投标人。该3家投标人分别于10月13—14日领取了招标文件,同时按要求提交投标保证金50万元,购买招标文件费500元。

招标文件规定:投标截止时间为10月31日,投标有效期截止时间为12月30日,投标保证金有效期截止时间为次年1月30日。招标人对开标前的主要工作安排为:10月16—17日,由招标人分别安排各投标人踏勘现场;10月20日,举行投标预备会,会上主要对招标文件和招标人能提供的施工条件等内容进行答疑,考虑各投标人所拟定的施工方案和技术措施不同,将不对施工图做任何解释。各投标人按时提交了投标文件,所有投标文件均有效。

评标办法规定,商务标权重60分(包括总报价20分、分部分项工程综合单价10分、其他内容30分)、技术标权重40分。

(1)总报价的评标方法是评标基准价等于各有效投标总报价的算术平均值下浮2个百分点。当投标人的投标总价等于评标基准价时得满分,投标总价每高于评标基准价1个百分点扣2分,每低于评标基准价1个百分点扣1分。

(2)分部分项工程综合单价的评标方法是在清单报价中按合价大小抽取5项(每项权重2分),分别计算投标人综合单价报价平均值,投标人所报综合单价在平均值的95%~102%范围内得满分,超出该范围的,每超出1个百分点扣0.2分。

各投标人总报价和抽取的异形梁C30混凝土综合单价见表4.6。

表4.6　投标数据表

投标人	A	B	C
总报价/万元	3 179.00	2 998.00	3 213.00
异形梁C30混凝土综合单价/(元·m^{-3})	456.20	451.50	485.80

除总报价之外的其他商务标和技术标指标评标得分见表 4.7。

表 4.7　投标人部分指标得分表

投标人	A	B	C
商务标(除总报价之外)得分	32	29	28
技术标得分	30	35	37

问题:

(1)在该工程开标之前所进行的招标工作有哪些不妥之处?说明理由。

(2)列式计算总报价和异形梁 C30 混凝土综合单价的报价平均值,并计算各投标人得分(计算结果保留两位小数)。

(3)列式计算各投标人的总得分,根据总得分的高低确定第一中标候选人。

(4)评标工作于 11 月 1 日结束并于当天确定中标人。11 月 2 日招标人向当地主管部门提交评标报告;11 月 10 日招标人向中标人发出中标通知书;12 月 1 日双方签订了施工合同;12 月 3 日招标人将未中标结果通知给另两家投标人,并于 12 月 9 日将投标保证金退还给未中标人。请指出评标结束后招标人的工作有哪些不妥之处并说明理由。

【解】

(1)在该工程开标之前所进行的招标工作有如下不妥之处:

①要求投标人领取招标文件时提交投标保证金不妥,应在投标截止前提交。

②投标保证金有效期截止时间不妥,应与投标有效期截止时间为同一时间。

③投标截止时间不妥,从招标文件发出到投标截止时间不能少于 20 日。

④踏勘现场安排不妥,招标人不得单独或者分别组织任何一个投标人进行现场踏勘。

⑤投标预备会上对施工图纸不做任何解释不妥,因为招标人应就图纸进行交底和解释。

(2)计算如下:

①总报价平均值 = (3 179 + 2 998 + 3 213)/3 = 3 130.00(万元)

评分基准价 = 3 130 × (1 − 2%) = 3 067.40(万元)

②异形梁 C30 混凝土综合单价报价平均值 = (456.20 + 451.50 + 485.80)/3 = 464.50(元/m^3)

因此,各投标人总报价和 C30 混凝土综合单价评分见表 4.8。

(3)投标人 A 的总得分:30 + 12.72 + 32 = 74.72(分)

投标人 B 的总得分:35 + 17.74 + 29 = 81.74(分)

投标人 C 的总得分:37 + 10.50 + 28 = 75.50(分)

所以,第一中标候选人为 B 投标人。

(4)评标结束后招标人的工作有如下不妥:

①招标人向主管部门提交的书面报告内容不妥,应提交招投标活动的书面报告,而不仅仅是评标报告。

②招标人仅向中标人发出中标通知书不妥,还应同时将中标结果通知未中标人。

表4.8　部分商务标指标评分表

评标项目		投标人		
		A	B	C
总报价评分	总报价(万元)	3 179.00	2 998.00	3 213.00
	总报价评分基准价百分比(%)	103.64	97.74	104.75
	扣分	7.28	2.26	9.50
	得分	12.72	17.74	10.50
异形梁C30混凝土综合单价评分	综合单价(元/m^3)	456.20	451.50	485.80
	综合单价占平均值(%)	98.21	97.20	104.59
	扣分	0	0	0.52
	得分	2.00	2.00	1.48

③招标人通知未中标人时间不妥，应在向中标人发出中标通知书的同时通知未中标人。

④退还未中标人的投标保证金时间不妥，招标人最迟应当在书面合同签订后的5日内向中标人和未中标的投标人退还投标保证金及银行同期存款利息。

经评审的最低投标价法评标应用案例

综合评估法评标应用案例

评价与反思

完成“典型工作环节2　评标”的学习表现评价和反思表。

典型工作环节名称	具体任务	学习表现评价（自评×30%+互评×30%+教师评价×40%）				学习表现反思	
		自评得分	互评得分	教师评价得分	小计得分	学生反思	教师点评
典型工作环节2　评标	列举评标委员会的要求(30分)						
	比较两种评标方法(40分)						
	简述评标的程序(30分)						
签字		自评人签字：		互评人签字：		教师签字：	
最终得分							
累计得分							
对自己未来学习表现有何期待							

巩固训练

1. 选择题

（1）建设工程评标过程中遇下列情形，评标委员会可直接否决投标文件的是（　　）。（单选）

A. 投标文件中的大、小写金额不一致

B. 未按施工组织设计方案进行报价

C. 投标联合体没有提交共同投标协议

D. 投标报价中采用了不平衡报价

（2）根据《建设工程造价咨询规范》（GB/T 51095—2015），下列投标文件的评审内容属于清标工作的是（　　）。（单选）

A. 营业执照的有效性

B. 营业执照、资质证书、安全生产许可证的一致性

C. 投标函上签字与盖章的合法性

D. 投标文件是否实质性响应招标文件

（3）关于评标过程中对投标报价算术性错误的修正，下列说法正确的是（　　）。（单选）

A. 评标委员会应对报价中的算术性错误进行修正

B. 修正的价格经评标委员会书面确认后具有约束力

C. 投标人应接受修正价格，否则将没收其投标保证金

D. 投标文件中大写金额与小写金额不一致的，以小写金额为准

（4）在评标过程中，评标委员会可以要求投标人对投标文件作出必要澄清、说明和补正的情形包括（　　）。（多选）

A. 投标文件未经单位负责人签字

B. 对同类问题表述不一致

C. 投标文件中有含义不明确的内容

D. 有明显的计算错误

E. 投标人主动提出的澄清说明

（5）关于综合评估法中评标基准价的确定，下列说法正确的是（　　）。（单选）

A. 按所有有效投标人中的最低投标价确定

B. 按所有有效投标人的平均投标价确定

C. 按所有有效投标人的平均投标价乘以事先约定的浮动系数确定

D. 按项目特点、行业管理规定自行确定

（6）某世界银行贷款项目采用经评审的最低投标价法评标，招标文件规定同时投多个标段的评标修正率为4%。现投标人甲同时投Ⅰ、Ⅱ标段，其报价分别为7 000万元、6 000万元。在投标人甲已中标Ⅰ标段的情况下，其Ⅱ标段的评标价应为（　　）万元。（单选）

A. 5 720　　B. 5 760　　C. 6 240　　D. 6 280

（7）我国某世界银行贷款项目采用经评审的最低投标价法评标，招标文件规定借款国国内投标人有7.5%的评标优惠，若投标工期提前，则按每月25万美元进行报价修正，现国内甲

投标人报价 5 000 万美元，承诺较投标要求工期提前 2 个月，则甲投标人评标价为(　　)万美元。(单选)

A. 5 000　　B. 4 625　　C. 4 600　　D. 4 575

(8)采用经评审的最低投标价法评标时，下列说法正确的是(　　)。(单选)

A. 经评审的最低投标价法通常采用百分制

B. 具有通用技术的招标项目不宜采用经评审的最低投标价法

C. 当出现经评审的投标价相等且报价也相等时，中标人由招标监管机构确定

D. 采用经评审的最低投标价法工作结束时，应拟定“价格比较一览表”提交招标人

(9)在评标时，(　　)应当明确、严格，对所有在投标截止日期以后送达的投标文件都应拒收，与投标人有利害关系的人都不得作为评标委员会的成员。(单选)

A. 评标程序　　B. 评标时间　　C. 评标标准　　D. 评标方法

(10)评标委员会成员应为(　　)人以上的单数，评标委员会中技术、经济等方面的专家不得少于成员总数的(　　)。(单选)

A. 5，2/3　　B. 7，4/5　　C. 5，1/3　　D. 3，2/3

2. 拓展题

例 1 中若考虑资金的时间价值(现值系数见表 4.9)，应选择哪家投标人作为中标人？

表 4.9　现值系数表

n	2	3	4	6	7	8	9	10	12	13	14	15	16
$(P/A,1\%,n)$	1.970	2.941	3.902	5.795	6.728	7.625	8.566	9.471	…	…	…	…	…
$(P/F,1\%,n)$	0.980	0.971	0.961	0.942	0.933	0.923	0.914	0.905	0.887	0.879	0.870	0.861	0.853

典型工作环节 3　定　标

具体任务

任务 1：阐明中标的投标人应具备的条件。

任务 2：列举中标公示的要求，完成表 4.10。

表 4.10　中标公示要求

公示范围	
公示时间	
公示媒体	
公示内容	

任务3：完成表4.11中的数字填写。

表4.11　中标公示内容

公　示	收到评标报告________日公示，不少于________日，异议在________日内答复
向有关部门报告	自确定中标人之日起________日内
签订合同	中标通知书发出之日起________日内
投标保证金及利息退还	签订合同后________日内
履约担保保证金的退还	工程接收证书颁发后________天内
中标候选人	不超过________

学习资料

1.确定中标人

招标人根据评标委员会提交的中标候选人名单确定中标人，也可授权评标委员会直接确定中标人。

中标人的投标应当符合下列条件之一：

①最大限度满足招标文件的各项综合评价标准。

②满足招标文件的实质性要求，并且经评审的投标价格最低；但是投标价格低于成本的除外。

对国有资金占控股或者主导地位的项目，招标人应当确定排名第一的中标候选人为中标人。排名第一的中标候选人放弃中标，因不可抗力提出不能履行合同，或者招标文件规定应当提交履约保证金而在规定的期限内未能提交，或者被查实存在影响中标结果的违法行为等情形，不符合中标条件的，招标人可以按照评标委员会提交的中标候选人名单排序依次确定其他中标候选人为中标人。依次确定其他中标候选人与招标人预期差距较大，或者对招标人明显不利的，招标人可以重新招标。

2.公示中标候选人

依法必须进行招标的项目，招标人应当自收到评标报告之起3日内公示中标候选人，公示期不得少于3日。投标人或者其他利害关系人对依法必须进行招标的项目的评标结果有异议的，应当在中标候选人公示期间提出。招标人应当自收到异议之日起3日内作出答复；作出答复前，应当暂停招标投标活动。对中标候选人的公示需明确以下几个方面：

①公示范围。公示的项目范围是依法必须进行招标的项目，其他招标项目是否公示中标候选人由招标人自主决定。公示的对象是全部中标候选人。

依法必须招标项目的中标候选人公示应当载明以下内容：中标候选人排序、名称、投标报价、质量、工期（交货期）以及评标情况；中标候选人按照招标文件要求承诺的项目负责人姓名及其相关证书名称和编号；中标候选人响应招标文件要求的资格能力条件；提出异议的渠道和方式；招标文件规定公示的其他内容。

②公示媒体。招标人在确定中标人之前，应当将中标候选人在交易场所和指定媒体上

公示。

③公示时间(公示期)。公示由招标人统一委托当地招投标中心在开标当天发布。公示期从公示的第二天开始算起,在公示期满后招标人才可以签发中标通知书。

④公示内容。对中标候选人全部名单及排名进行公示,而不是只公示排名第一的中标候选人。同时,对有业绩信誉条件要求的项目,投标报名或开标时提供的资格条件或业绩信誉情况应一并公示,但不含投标人的各评分要素的得分情况。

⑤异议处置。经核查后发现在招投标过程中确有违反相关法律法规且影响评标结果公正性的,招标人应当重新组织评标或招标。

投标人应先向招标人提出异议,再向行政监督部门投诉。

3. 中标通知及签约准备

1)发出中标通知书

中标通知书对招标人和中标人均具有法律效力。发出后,招标人改变中标结果,中标人放弃中标项目,均需承担法律责任。

招标人不得向中标人提出压低报价、增加工作量、缩短工期或其他违背中标人意愿的要求,以此作为发出中标通知书和签订合同的条件。

招标人自行招标的,招标人应当自确定中标人之日起15日内,向有关部门提交招投标情况的书面报告,包括以下内容:

①招标方式和发布资格预审公告、招标公告的媒介;

②招标文件中投标人须知、技术规格、评标标准和方法、合同主要条款等内容;

③评标委员会的组成和评标报告;

④中标结果。

2)履约担保

在签订合同前,中标人应按招标文件规定的金额、担保形式和担保格式,向招标人提交履约保证金。履约保证金有现金、支票、履约担保书和银行保函等形式,中标人可以选择其中的一种作为招标项目的履约保证金,金额不得超过中标合同金额的10%。履约保证金的期限为自合同生效之日起至合同约定的中标人主要义务履行完毕止。中标后的承包人应保证其履约保证金在发包人颁发接收证书前一直有效。发包人在工程接收证书颁发后28天内把履约保证金退还给承包人。招标人要求中标人提供履约保证金或其他形式履约担保的,招标人应同时向中标人提供工程款支付担保。

评价与反思

完成“典型工作环节3　定标”的学习表现评价和反思表。

典型工作环节名称	具体任务	学习表现评价（自评×30%+互评×30%+教师评价×40%）				学习表现反思	
		自评得分	互评得分	教师评价得分	小计得分	学生反思	教师点评
典型工作环节3 定标	阐明中标的投标人应具备的条件(30 分)						
	列举中标公示的要求(40分)						
	填写数字(30 分)						
签字		自评人签字：			互评人签字：		教师签字：
最终得分							
累计得分							
对自己未来学习表现有何期待							

巩固训练

1.选择题

(1)关于定标的说法，正确的是(　　)。

A.确定中标人的权利归评标委员会

B.招标人在评标委员会推荐的中标候选人中确定中标人

C.招标人可以根据自己的意愿确定中标人

D.中标通知书发出后，招标人有权拒绝订立合同

(2)定标的主要根据是(　　)。

A.评标报告　　B.投标文件　　C.招标文件　　D.投标价格

(3)定标是指(　　)。

A.选定投标人　　B.确定标的　　C.制定评标规则　　D.决定中标人

(4)中标人确定后，招标人应(　　)。

A.向中标人发出通知书，可不将中标结果通知未中标人，但须退还投标保证金或保函

B.向中标人发出通知书，同时将中标结果通知未中标人，但无须退还投标保证金或保函

C.向中标人发出通知书，可不将中标结果通知未中标人，也可不必退还投标保证金或保函

D. 向中标人发出通知书，同时将中标结果通知所有未中标人，并向未中标人退还投标保证金

(5) 下列关于中标通知书的表述，正确的是(　　)。

A. 中标通知书对招标人具有法律效力，而对中标人无法律效力

B. 招标人和中标人应当自中标通知书发出之日起 15 日内订立书面合同

C. 招标人不得向中标人提出任何不合理要求作为订立合同的条件，双方也不得私下订立背离合同实质性内容的协议

D. 依法必须进行招标的项目，招标人应当自确定中标人之日起 30 日内，向有关行政监督部门提交招标投标情况的书面报告

(6) 中标通知书(　　)具有法律效力。

A. 对招标人和投标人　　B. 只对招标人

C. 只对投标人　　D. 对招标人和投标人均不

(7) 依法必须招标的项目，中标公示应包含的内容是(　　)。(单选)

A. 评标委员会全体成员名单

B. 所有投标人名单及排名情况

C. 投标人各评分要素的得分情况

D. 中标候选人在投标报名或开标时提供的业绩信誉情况(有业绩信誉条件要求的)

(8) 根据《招标投标法实施条例》，关于依法必须招标项目中标候选人的公示，下列说法正确的有(　　)。(多选)

A. 应公示中标候选人　　B. 公示对象是全部中标候选人

C. 公示期不得少于 3 日　　D. 公示在开标后的第二天发布

E. 对有业绩信誉条件要求的项目，其业绩信誉情况应一并进行公示

(9) 关于履约担保，下列说法正确的有(　　)。(多选)

A. 履约担保可以用现金、支票、汇票、银行保函形式但不能单独用履约担保书

B. 履约保证金不得超过中标合同金额的 10%

C. 中标人不按期提交履约担保的视为废标

D. 招标人要求中标人提供履约担保的，招标人应同时向中标人提供工程款支付担保

E. 履约保证金的有效期需保持至工程接收证书颁发之时

(10) 按照相关规定，招标人和中标人应在(　　)签订合同。(单选)

A. 评标后 5 日内　　B. 发出中标通知书 30 日内

C. 无具体规定　　D. 发出中标通知书 30 个工作日内

2. 案例题

某工程项目，建设单位通过招标选择了一家具有相应资质的监理单位承担施工招标代理和施工阶段监理工作，并在监理中标通知书发出后第 45 天，与该监理单位签订了委托监理合同。之后双方又另行签订了一份监理酬金比监理中标价低 10% 的协议。

在施工公开招标中，有 A、B、C、D、E、F、G、H 等施工单位报名投标，经监理单位资格预审均符合要求，但建设单位以 A 施工单位是外地企业为由不同意其参加投标，而监理单位坚持认为 A 施工单位有资格参加投标。

评标委员会由 5 人组成,其中当地建设行政管理部门的招投标管理办公室主任 1 人、建设单位代表 1 人、政府提供的专家库中抽取的技术经济专家 3 人。

评标时发现,B 施工单位投标报价明显低于其他投标单位报价且未能合理说明理由;D 施工单位投标报价大写金额小于小写金额;F 施工单位投标文件提供的检验标准和方法不符合招标文件的要求;H 施工单位投标文件中某分项工程的报价有个别漏项;其他施工单位的投标文件均符合招标文件要求。

建设单位最终确定 G 施工单位中标,并按照《建设工程施工合同(示范文本)》与该施工单位签订了施工合同。

问题:

(1)指出建设单位在监理招标和委托监理合同签订过程中的不妥之处,并说明理由。

(2)在施工招标资格预审中,监理单位认为 A 施工单位有资格参加投标是否正确?说明理由。

(3)指出施工招标评标委员会组成的不妥之处,说明理由,并写出正确做法。

(4)判别 B、D、F、H 四家施工单位的投标是否为有效标,并说明理由。

典型工作环节 4　签订建设工程施工合同

具体任务

任务 1:描述建设工程施工合同订立的条件。

任务 2:梳理建设工程施工合同各方义务,完成表 4.12

表 4.12　施工合同各方义务

发包人	承包人

任务3：列举《建设工程施工合同（示范文本）》（GF-2017-0201）的组成内容。

任务4：明确合同文件及解释顺序。

学习资料

1.建设工程施工合同

1）建设工程施工合同的概念

建设工程施工合同是发包人（建设单位、业主或总包单位）与承包人（施工单位）之间为完成商定的建设工程项目，确定双方权利和义务的协议。依照施工合同，承包人应完成一定的建筑、安装工程任务，发包人应提供必要的施工条件并支付工程价款。对必须进行招标的建设项目，工程建设的施工都应通过招标投标确定承包人。

2）订立建设工程施工合同的条件

订立建设工程施工合同的条件如下：

①初步设计已经批准。

②工程项目已经列入年度建设计划。

③有能够满足施工需要的设计文件和有关技术资料。

④建设资金和主要建筑材料设备来源已经落实。

⑤对于招投标工程，中标通知书已经下达。

2.合同签订的时间及规定

招标人和中标人应当在投标有效期内并自中标通知书发出之日起30日内，按招标文件和中标人的投标文件订立书面合同。招标人和中标人不得再行订立背离合同实质性内容的其他协议。

（1）中标人违约

中标人无正当理由拒签合同的，招标人取消其中标资格，其投标保证金不予退还；给招标人造成的损失超过投标保证金数额的，中标人还应当对超过部分予以赔偿。

（2）招标人违约

发出中标通知书后，招标人无正当理由拒签合同的，招标人向中标人退还投标保证金；给中标人造成损失的，还应当赔偿损失。

招标人最迟应当与中标人签订合同后5日内，向中标人和未中标的投标人退还投标保证金及银行同期存款利息。

3.合同谈判

合同谈判，是指工程施工合同签订双方对是否签订合同以及合同具体内容达成一致的协商过程。通过谈判，双方能够充分了解对方及项目的情况，为高层决策提供信息和依据。施工合同的标的物特殊、履行周期长、条款内容多、涉及面广、风险大,合同谈判就会成为影响工程项目成败的重要因素。

具体来说,建设工程施工合同谈判应从以下几个方面入手:谈判人员的组成、项目资料的收集、对谈判主体及其情况的具体分析、拟订谈判方案、合同谈判的要点分析、合同谈判的策略和技巧等。

4. 建设工程施工合同涉及的各方

1)合同当事人

①发包人:在协议书中约定,具有工程发包主体资格和支付工程价款能力的当事人以及取得该当事人资格的合法继承人。

②承包人:在协议书中约定,被发包人接受具有工程施工承包主体资格的当事人以及取得该当事人资格的合法继承人。

施工合同签订后,当事人任何一方均不允许转让合同。所谓合法继承人是指因资产重组后,合并或分立后的法人或组织可以作为合同的当事人。

2)工程师

①发包人委托监理。发包人可以委托监理单位,全部或部分负责合同的履行管理。监理单位委派的总监理工程师在施工合同中称为工程师。

②发包人派驻代表。对于国家未规定强制监理的工程施工,发包人也可以派驻代表自行管理。发包人派驻施工场地履行合同的代表在施工合同中也称为工程师,但职责不得与监理单位委派的总监理工程师职责互相交叉。双方职责发生交叉或不明确时,由发包人明确双方职责,并以书面形式通知承包人。

5. 施工合同方的一般权利和义务

1)发包人义务

(1)提供施工现场

除专用合同条款另有约定外,发包人应最迟于开工日期 7 天前向承包人移交施工现场。

(2)提供施工条件

除专用合同条款另有约定外,发包人应负责提供施工所需要的条件,包括:

①将施工用水、电力、通信线路等施工所必需的条件接至施工现场内。

②保证向承包人提供正常施工所需要的进入施工现场的交通条件。

③协调处理施工现场周围地下管线和邻近建筑物、构筑物、古树名木的保护工作,并承担相关费用。

④按照专用合同条款约定应提供的其他设施和条件。

(3)提供基础资料

发包人应当在移交施工现场前向承包人提供施工现场及工程施工所必需的毗邻区域内供水、排水、供电、供气、供热、通信、广播电视等地下管线资料,气象和水文观测资料,地质勘察资料,相邻建筑物、构筑物和地下工程等有关基础资料,并对所提供资料的真实性、准确性和完整性负责。

按照法律规定确需在开工后方能提供的基础资料,发包人应尽其努力及时地在相应工程施工前的合理期限内提供,合理期限应以不影响承包人的正常施工为限。

(4)资金来源证明及支付担保

除专用合同条款另有约定外,发包人应在收到承包人要求提供资金来源证明的书面通知后28天内,向承包人提供能够按照合同约定支付合同价款的相应资金来源证明。

除专用合同条款另有约定外,发包人要求承包人提供履约担保的,发包人应当向承包人提供支付担保。支付担保可以采用银行保函或担保公司担保等形式,具体由合同当事人在专用合同条款中约定。

(5)支付合同价款

发包人应按合同约定向承包人及时支付合同价款。

(6)组织竣工验收

发包人应按合同约定及时组织竣工验收。

(7)现场统一管理协议

发包人应与承包人、由发包人直接发包的专业工程的承包人签订施工现场统一管理协议,明确各方的权利义务。施工现场统一管理协议作为专用合同条款的附件。

2)承包人义务

承包人在履行合同的过程中应遵守法律和工程建设标准规范,并履行以下义务:

①根据发包人的委托,在其设计资质允许的范围内,完成施工图设计或与工程配套的设计。

②向工程师提供年、季、月工程进度计划及相应进度统计报表。

③按工程需要提供和维修非夜间施工使用的照明、围栏设施,并负责安全保卫。

④按专用条款约定的数量和要求,向发包人提供在施工现场办公和生活的房屋及设施。

⑤遵守有关部门对施工场地交通、施工噪声以及环境保护和安全生产等的管理规定,按管理规定办理有关手续,并以书面形式通知发包人。

⑥已竣工工程未交付发包人之前,承包人按专用条款约定负责已完成工程的成品保护工作。

⑦按专用条款的约定做好施工现场地下管线和邻近建筑物、构筑物(包括文物保护建筑)、古树名木的保护工作。

⑧保证施工场地清洁符合环境卫生管理的有关规定。

⑨承包人应做的其他工作,双方在专用条款内约定。

承包人不履行上述各项义务,造成发包人损失的,应对发包人的损失给予赔偿。

6.《建设工程施工合同(示范文本)》

《建设工程施工合同(示范文本)》(GF-2017-0201)(以下简称《示范文本》)由合同协议书、通用合同条款和专用合同条款三部分组成。

(1)合同协议书

合同协议书共计13条,主要包括工程概况、合同工期、质量标准、签约合同价和合同价格形式、项目经理、合同文件构成、承诺以及合同生效条件等重要内容,集中约定了合同当事人基本的合同权利义务。

(2)通用合同条款

通用合同条款是合同当事人根据《中华人民共和国建筑法》《中华人民共和国民法典》等

法律法规的规定，就工程建设的实施及相关事项，对合同当事人的权利义务作出的原则性约定。

通用合同条款共计 20 条，具体条款分别为：一般约定、发包人、承包人、监理人、工程质量、安全文明施工与环境保护、工期和进度、材料与设备、试验与检验、变更、价格调整、合同价格、计量与支付、验收和工程试车、竣工结算、缺陷责任与保修、违约、不可抗力、保险、索赔和争议解决。前述条款既考虑了现行法律法规对工程建设的有关要求，也考虑了建设工程施工管理的特殊需要。

(3)专用合同条款

专用合同条款是对通用合同条款原则性约定的细化、完善、补充、修改或另行约定的条款。合同当事人可以根据不同建设工程的特点及具体情况，通过双方的谈判、协商对相应的专用合同条款进行修改补充。在使用专用合同条款时，应注意以下事项：

①专用合同条款的编号应与相应的通用合同条款的编号一致。

②合同当事人可以通过对专用合同条款的修改，满足具体建设工程的特殊要求，避免直接修改通用合同条款。

③在专用合同条款中有横道线的地方，合同当事人可针对相应的通用合同条款进行细化、完善、补充、修改或另行约定。

为了合同当事人权利、义务的进一步明确，并且使施工合同当事人的有关工作一目了然，便于执行和管理，《建设工程施工合同(示范文本)》还包括附件内容，如承包人承揽工程项目一览表、发包人供应材料设备一览表、工程质量保修书、承包人用于本工程施工的机械设备表、承包人主要设施管理人员表、分包人主要施工管理人员表等。

7. 合同文件的优先顺序

组成合同的各项文件应互相解释，互为说明。除专用合同条款另有约定外，解释合同文件的优先顺序如下：

①合同协议书；

②中标通知书(如果有)；

③投标函及其附录(如果有)；

④专用合同条款及其附件；

⑤通用合同条款；

⑥技术标准和要求；

⑦图纸；

⑧已标价工程量清单或预算书；

⑨其他合同文件。

合同履行中，双方有关工程的洽商、变更等书面协议或文件视为合同的组成部分。在不违反法律和行政法规的前提下，当事人可以通过协商变更合同的内容，这些变更的协议或文件的效力高于其他合同文件，且签署在后的协议或文件效力高于签署在先的协议或文件。

评价与反思

完成“典型工作环节 4　签订建设工程施工合同”的学习表现评价和反思表。

<table>
<tr><td rowspan="2">典型工作环节名称</td><td rowspan="2">具体任务</td><td colspan="4">学习表现评价
（自评×30%+互评×30%+教师评价×40%）</td><td colspan="2">学习表现反思</td></tr>
<tr><td>自评得分</td><td>互评得分</td><td>教师评价得分</td><td>小计得分</td><td>学生反思</td><td>教师点评</td></tr>
<tr><td rowspan="4">典型工作环节4　签订建设工程施工合同</td><td>描述建设工程施工合同订立的条件(15分)</td><td></td><td></td><td></td><td></td><td></td><td></td></tr>
<tr><td>梳理建设工程施工合同各方义务(40分)</td><td></td><td></td><td></td><td></td><td></td><td></td></tr>
<tr><td>列举《建设工程施工合同(示范文本)》(GF-2017-0201)的组成内容(30分)</td><td></td><td></td><td></td><td></td><td></td><td></td></tr>
<tr><td>明确合同文件及解释顺序(15分)</td><td></td><td></td><td></td><td></td><td></td><td></td></tr>
<tr><td colspan="2">签字</td><td colspan="3">自评人签字：</td><td colspan="2">互评人签字：</td><td>教师签字：</td></tr>
<tr><td colspan="5">最终得分</td><td colspan="3"></td></tr>
<tr><td colspan="5">累计得分</td><td colspan="3"></td></tr>
<tr><td colspan="5">对自己未来学习表现有何期待</td><td colspan="3"></td></tr>
</table>

巩固训练

选择题

(1)关于招标人与中标人合同的签订，下列说法正确的有(　　)。(多选)

A. 双方按照招标文件和投标文件订立书面合同

B. 双方在投标有效期内并自中标通知书发出之日起30日内签订施工合同

C. 招标人要求中标人按中标下浮3%后签订施工合同

D. 中标人无正当理由拒绝签订合同的，招标人可不退还其投标保证金

E. 招标人在与中标人签订合同后5日内，向所有投标人退还投标保证金

(2)下列条件的建设工程，其施工承包合同适合采用成本加酬金方式确定合同价款的有(　　)。(多选)

A. 建设规模小　　B. 施工技术特别复杂　　C. 工期较短

D. 紧急抢险项目　　E. 施工图有待进一步深化

(3)关于合同价款与合同类型，下列说法正确的是(　　)。(单选)

A. 招标文件与投标文件不一致的地方，以招标文件为准

B. 中标人应当自中标通知书收到之日起30日内与招标人订立书面合同

C. 工期特别紧、技术特别复杂的项目可以采用总价合同

D. 实行工程量清单计价的工程，鼓励采用单价合同

(4)总承包企业不仅承包工程项目的建设施工任务，而且提供建设项目的前期工作和运营准备工作的综合任务，该类总承包合同的类型是(　　)。(单选)

A. 设计采购施工总承包　　B. 交钥匙总承包

C. 设计—施工总承包　　D. 工程项目管理总承包

(5)根据现行《标准设计施工总承包招标文件》，关于“合同价格”和“签约合同价”，下列说法正确的是(　　)。(单选)

A. 合同价格是指签约合同价

B. 签约合同价中包括了专业工程暂估价

C. 合同价格不包括按合同约定进行的变更价款

D. 签约合同价一般高于中标价

(6)《建设工程施工合同(示范文本)》(GF-2017-0201)规定的设计变更范畴不包括(　　)。(单选)

A. 增加合同中约定的工程量

B. 删减承包范围的工作内容交给其他人实施

C. 改变承包人原计划的工作顺序和时间

D. 更改工程有关部分的标高

(7)按照施工合同示范文本规定，承包人的义务包括(　　)。(单选)

A. 协调处理施工现场周围地下管线保护工作

B. 按工程需要提供非夜间施工使用的照明

C. 办理临时停电、停水、中断道路申报批准手续

D. 组织设计交底

(8)《建设工程施工合同(示范文本)》(GF-2017-0201)规定，承包人有权(　　)。(单选)

A. 自主决定分包所承包的部分工程

B. 自主决定分包和转让所承担的工程

C. 经发包人同意转包所承担的工程

D. 经发包人同意分包所承担的部分工程

(9)《建设工程施工合同(示范文本)》(GF-2017-0201)由(　　)组成。(多选)

A. 协议书　　B. 中标通知书

C. 通用条款　　D. 工程量清单

E. 专用条款

(10)依据《建设工程施工合同(示范文本)》(GF-2017-0201)的规定，施工合同发包人的义务包括(　　)。(多选)

A. 办理临时用地、停水、停电申请手续

B. 向施工单位进行设计交底

C. 提供施工场地地下管线资料

D. 做好施工现场地下管线和邻近建筑物的保护

E. 开通施工现场与城乡公共道路的通道

项目 5　施工合同管理和工程索赔

◇知识目标

1. 掌握施工准备阶段合同实施控制的要点；
2. 掌握施工阶段建设工程施工合同的实施控制、变更管理及风险管理等相关知识；
3. 了解施工结算方式及合同价格的调整方式；
4. 了解工程索赔的特点和程序；
5. 掌握合同履行过程中索赔处理的方法及技巧。

◇能力目标

1. 具备处理施工合同管理中工程变更的能力；
2. 具备处理施工合同管理中调整合同价款的能力；
3. 具备处理工程索赔的能力。

◇素养目标

1. 增强学生分析问题的能力，善于创新和总结经验。
2. 培养学生较强的沟通能力和管理协调能力。
3. 培养学生缜密、评判、改进的能力。

典型工作环节 1　施工准备阶段合同管理

具体任务

任务 1：确定施工准备阶段合同管理的内容。

任务 2：完成施工准备阶段合同管理中关于图纸管理的内容（表 5.1）。

表 5.1　图纸管理

发包人提供图纸	是否收费	
	参与设计交底人员	
	最迟提交时间	
承包人提供图纸	是否需要审核	
	设计责任	

任务 3:完成关于延期开工管理的内容(表 5.2)。

表 5.2 延期开工管理

延期原因	程序	工期是否顺延
发包人		
承包人		

任务 4:梳理预付款支付时间要求。

学习资料

1. 施工图纸

1)发包人提供的图纸

我国目前的建设工程项目通常由发包人委托设计单位负责,在工程准备阶段应完成施工图设计文件的审查。发包人应按照专用合同条款约定的期限、数量和内容向承包人免费提供图纸,并组织承包人、监理人和设计人进行图纸会审和设计交底。发包人最迟不得晚于开工通知载明的开工日期前 14 天向承包人提供图纸。

因发包人未按合同约定提供图纸导致承包人费用增加和(或)工期延误的,按照因发包人原因导致工期延误的约定办理。

2)承包人负责设计的图纸

有些情况下承包人享有专利权的施工技术,若具有设计资质和能力,可以由其完成部分施工图的设计,或由其委托设计分包人完成。在承包工作范围内,包括部分由承包人负责设计的图纸,应在合同约定的时间内将按规定审查程序批准的设计文件提交工程师审核,经过工程师签认后才可以使用。但工程师对承包人设计的认可,不能解除承包人的设计责任。

2. 施工进度计划

1)承包人负责编制施工进度计划

①应当在专用条款约定的日期,将施工组织设计和施工进度计划提交工程师。

②承包人承包的群体工程中采取分阶段进行施工的单项工程,承包人则应按照发包人提供图纸及有关资料的时间,按单项工程编制进度计划,分别向工程师提交。

2)工程师确认施工进度计划

①工程师接到承包人提交的进度计划后,应当予以确认或者提出修改意见,时间限制则由双方在专用条款中约定。

②如果工程师逾期不确认也不提出书面意见,视为已经同意。

工程师对进度计划和对承包人施工进度的认可，不免除承包人对施工组织设计和工程进度计划本身的缺陷所应承担的责任。进度计划经工程师予以认可的主要目的，是作为发包人和工程师依据计划进行协调和对施工进行进度控制的依据。

3. 双方做好施工前的有关准备工作

开工前，合同双方还应当做好其他各项准备工作。其中，发包人需按照专用条款的规定使施工现场具备施工条件、开通施工现场公共道路，承包人应当做好施工人员和设备的调配工作。工程师特别需要做好水准点与坐标控制点的交验，按时提供标准、规范；做好设计单位的协调工作，按照专用条款的约定组织图纸会审和设计交底。

4. 开工及延期开工

承包人按照施工组织设计约定期限提交工程开工审批表，做好开工准备。监理人在计划开工7日前向承包人发出开工通知。承包人应在专用条款约定的时间按时开工，以便保证在合理工期内及时竣工。但在特殊情况下，工程的准备工作不具备开工条件，则应按合同的约定区分延期开工的责任。

1）承包人要求的延期开工

如果是承包人要求的延期开工，则工程师有权批准是否同意延期开工。承包人不能按时开工，应在不迟于约定的开工日期前7天，以书面形式向工程师提出延期开工的理由和要求。工程师在接到延期开工申请后的48小时内未予答复，视为同意承包人的要求，工期相应顺延。如果工程师不同意延期要求，工期不予顺延。如果承包人未在规定时间内提出延期开工要求，工期也不予顺延。

2）发包人原因的延期开工

因发包人的原因施工现场尚不具备施工条件，导致承包人不能按照约定的日期开工时，工程师应以书面形式通知承包人推迟开工日期。发包人应当赔偿承包人由此造成的损失，相应顺延工期。

5. 工程分包

施工合同示范文本的通用条款规定，未经发包人同意，承包人不得将承包工程的任何部分分包；工程分包不能解除承包人的任何责任和义务。

发包人通过复杂的招标程序选择了综合能力最强的投标人，要求由其完成工程施工，因此合同管理过程中对工程分包要进行严格控制。承包人出于自身能力考虑，可将部分自己没有实施资质的特殊专业工程分包，也可将部分较简单的工作内容分包。另外，包括在承包人投标文件内的分包计划，发包人接受投标文件表示已认可，如果施工合同履行过程中承包人又提出分包要求，则需要经发包人的书面同意。

发包人控制工程分包的基本原则是，主体工程的施工任务不允许分包，主要工程量必须由承包人完成。

经过发包人同意的分包工程，承包人选择的分包人需要提请工程师同意。工程师主要审查分包人是否具备实施分包工程的资质和能力，未经工程师同意的分包人不得进入现场参与施工。

虽然对分包的工程部位而言涉及两个合同，即发包人与承包人签订的施工合同和承包人与分包人签订的分包合同，但工程分包不能解除承包人对发包人应承担的在该工程部位施工的合同义务。同样,为了保证分包合同顺利履行,发包人未经承包人同意,不得以任何形式向分包人支付各种工程款项,分包人完成施工任务的报酬只能依据分包合同由承包人支付。

6. 支付工程预付款

合同约定有工程预付款的,发包人应按规定的时间和数额支付预付款。为了保证承包人如期开始施工前的准备工作和施工,预付时间应不迟于约定的开工日期前 7 天。

发包人不按约定预付,承包人在约定预付时间 7 天后向发包人发出要求预付的通知。发包人收到通知后仍不能按要求预付,承包人可在发出通知后 7 天停止施工,发包人应从约定应付之日起向承包人支付应付款的贷款利息,并承担违约责任。

评价与反思

完成“典型工作环节 1　施工准备阶段合同管理”的学习表现评价和反思表。

典型工作环节名称	具体任务	学习表现评价（自评×30%＋互评×30%＋教师评价×40%）				学习表现反思	
		自评得分	互评得分	教师评价得分	小计得分	学生反思	教师点评
典型工作环节 1　施工准备阶段合同管理	确定施工准备阶段合同管理的内容(20 分)						
	完成施工准备阶段合同管理中关于图纸管理的内容(30 分)						
	完成关于延期开工的内容(30 分)						
	梳理预付款支付时间要求(20 分)						
签字		自评人签字:			互评人签字:		教师签字:
最终得分							
累计得分							
对自己未来学习表现有何期待							

巩固训练

1. 选择题

(1)发包人最迟不得晚于开工通知载明的开工日期前(　　)天向承包人提供图纸。(单选)

A. 13　　B. 14　　C. 15　　D. 16

(2)监理人在计划开工(　　)日前向承包人发出开工通知。承包人应在专用条款约定的时间按时开工,以便保证在合理工期内及时竣工。(单选)

A. 7　　B. 8　　C. 9　　D. 10

(3)施工分包是指施工承包商(与项目法人或工程总承包商签订施工承包合同的具有总承包资质等级或专业承包资质等级的施工企业)将其所承包工程中的(　　)发包给其他具有相应资质等级的施工企业完成的活动。(单选)

A. 安装工程　　B. 物资供应

C. 起重机械　　D. 专业工程或劳务作业

(4)下列关于支付工程预付款的说法正确的有(　　)。(多选)

A. 发包人应在发出开工通知前支付工程预付款

B. 发包人应在发出开工通知后支付工程预付款

C. 承包人提交预付款保函后,发包人才支付工程预付款

D. 在整个施工阶段预付款保函金额应维持不变

E. 发包人不按时支付工程预付款,承包人有暂停施工的权利

(5)承包人不能按时开工,应在不迟于约定的开工日期(　　),以书面形式向工程师提出延期开工的理由和要求。(单选)

A. 前14天　　B. 后14天　　C. 前7天　　D. 后7天

2. 案例分析

某工程项目,业主委托监理单位全权进行施工阶段监理,分别与监理单位和施工总承包单位按《工程建设监理合同》(GF-95-0202)及《建设工程施工合同》(GF-91-0201)签订了合同。在施工过程中,总承包单位没有做屋面防水的专门技术,按照合同约定,提出将屋面防水工程分包。为了保证施工质量,赶在雨季前做完屋面防水,甲方代表选择了一家专业防水施工队,将屋面防水工程分包了出去(合同未签),并向施工单位和监理单位发出了通知,要求总承包单位配合防水分包单位施工。

问题:

(1)甲方代表的做法是否正确?为什么?

(2)总承包单位提出异议,监理方应按什么程序协调有关方的关系?

(3)分包单位施工完毕后,向监理单位报送了工程款支付申请和工程结算书,你认为监理方应如何处理?

典型工作环节 2　施工阶段合同管理——质量管理

具体任务

任务 1：完成施工阶段材料和设备质量控制管理表格（表 5.3）。

表 5.3　施工阶段材料和设备质量控制管理

检验项目	检验时间	检验试验人	保管人	支付保管费用	质量责任承担
发包人提供材料设备					
承包人提供材料设备					

任务 2：梳理施工质量管理相关要求，完成表 5.4。

表 5.4　施工质量管理相关要求

工程质量未达到合同约定标准	发包人原因	
	承包人原因	
施工过程中返工	承包人原因	
	工程师指令错误	
使用专利技术及特殊工艺施工	发包人要求	
	承包人要求	
施工过程中检查的程序		

任务 3：描述隐蔽工程检验的程序及重新检验责任的确认原则。

学习资料

1. 对材料和设备的质量控制

(1) 发包人供应的材料设备

发包人按一览表约定的内容提供材料设备，并向承包人提供产品合格证明，对其质量负责。发包人在所供材料设备到货前 24 小时，以书面形式通知承包人，由承包人派人与发包人共同清点。

发包人供应的材料设备，承包人派人参加清点后由承包人妥善保管，发包人支付相应保管费用。因承包人原因发生丢失损坏，由承包人负责赔偿。发包人未通知承包人清点，承包人不负责材料设备的保管，丢失损坏由发包人负责。

发包人供应的材料设备在使用前，由承包人负责检验或试验，不合格的不得使用，检验或试验费用由发包人承担。发包人供应的材料设备与一览表不符时，承包人有权拒绝，并可要求发包人更换，由此增加的费用和延误的工期由发包人承担并支付承包人合理的利润。

(2)承包人负责采购的材料和设备

①采购的材料和设备在使用前，承包人应按工程师要求进行检验或试验，不合格的不得使用，检验或试验费用由承包人承担。

②工程师发现承包人采购并使用不符合设计或标准要求的材料设备时，应要求由承包人负责修复、拆除或重新采购，并承担发生的费用，由此延误的工期不予顺延。

③承包人需要使用代用材料时，应经工程师认可后才能使用，由此增减的合同价款双方以书面形式议定。

④由承包人采购的材料设备，发包人不得指定生产厂或供应商。

2.施工质量管理

1)质量要求

①工程质量标准必须符合现行国家有关工程施工质量验收标准和规范的要求。有关工程质量的特殊标准或要求由合同当事人在专用合同条款中约定。

②因发包人原因造成工程质量未达到合同约定标准的，由发包人承担由此增加的费用和(或)延误的工期，并支付承包人合理的利润。

③因承包人原因造成工程质量未达到合同约定标准的，发包人有权要求承包人返工直至工程质量达到合同约定的标准为止，并由承包人承担由此增加的费用和(或)延误的工期。

工程师在施工过程中应采取巡视、旁站、平行检验等方式监督检查承包人的施工工艺和产品质量，对建筑产品的生产过程进行严格控制。

2)工程质量标准

(1)工程师对质量标准的控制

承包人施工的工程质量应达到合同约定的标准。发包人对部分或者全部工程质量有特殊要求的，应支付由此增加的追加合同价款，对工期有影响的应给予相应顺延。

工程师依据合同约定的质量标准对承包人的工程质量进行检查，达到或超过约定标准的，给予质量认可(不评定质量等级)；达不到要求时，则予拒收。

(2)不符合质量要求的处理

不论何时，工程师一经发现质量达不到约定标准的工程部分，均可要求承包人返工。承包人应当按照工程师的要求返工，直到符合约定标准。

因承包人原因达不到约定标准的，由承包人承担返工费用，工期不予顺延。

因发包人原因达不到约定标准的，由发包人承担返工的追加合同价款，工期相应顺延。

因双方原因达不到约定标准的，责任由双方分别承担。

如果双方对工程质量有争议，由专用条款约定的工程质量监督部门鉴定，所需费用及由此造成的损失，由责任方承担。双方均有责任的，由双方根据其责任分别承担。

3）施工过程中的检查和返工

承包人应认真按照标准、规范和设计要求以及工程师依据合同发出的指令施工，随时接受工程师及其委派人员的检查检验，并为检查检验提供便利条件。

工程质量达不到约定标准的部分，工程师一经发现，可要求承包人拆除和重新施工，承包人应按工程师及其委派人员的要求拆除和重新施工，承担由自身原因导致拆除和重新施工的费用，工期不予顺延。

经过工程师检查检验合格后，又发现因承包人原因出现的质量问题，仍由承包人承担责任，赔偿发包人的直接损失，工期不应顺延。

工程师的检查检验原则上不应影响施工正常进行。如果实际影响了施工的正常进行，其后果责任由检验结果的质量是否合格来区分。检查检验不合格的，影响正常施工的费用由承包人承担。除此之外，影响正常施工的追加合同价款由发包人承担，相应顺延工期。

因工程师指令失误和其他非承包人原因发生的追加合同价款，由发包人承担。

4）使用专利技术及特殊工艺施工

如果发包人要求承包人使用专利技术或特殊工艺施工，应由发包人负责办理相应的申报手续，承担申报、试验、使用等费用。

若承包人提出使用专利技术或特殊工艺施工，应首先取得工程师认可，然后由承包人负责办理申报手续并承担有关费用。

不论哪一方要求使用他人的专利技术，一旦发生擅自使用侵犯他人专利权的情况，由责任者依法承担相应责任。

3. 隐蔽工程与重新检验

隐蔽工程在施工中一旦完成，将很难再对其进行质量检查（这种检查往往成本很大），因此必须在隐蔽前进行检查验收。

对于中间验收，应在专用条款中约定，对需要进行中间验收的单项工程和部位及时进行检查、试验，不应影响后续工程的施工。

发包人应为检验和试验提供便利条件。

1）检验程序

（1）承包人自检

工程具备隐蔽条件或达到专用条款约定的中间验收部位，承包人进行自检，并在隐蔽或中间验收前 48 小时以书面形式通知工程师验收。通知包括隐蔽和中间验收的内容、验收时间和地点。承包人准备验收记录。

（2）共同检验

工程师接到承包人的请求验收通知后，应在通知约定的时间与承包人共同进行检查或试验。检测结果表明质量验收合格，经工程师在验收记录上签字后，承包人可进行工程隐蔽和继续施工。验收不合格，承包人应在工程师限定的时间内修改后重新验收。

如果工程师不能按时进行验收，应在承包人通知的验收时间前 24 小时，以书面形式向承包人提出延期验收要求，但延期不能超过 48 小时。

若工程师未能按以上时间提出延期要求，又未按时参加验收，承包人可自行组织验收。

承包人经过验收的检查、试验程序后，将检查、试验记录送交工程师。本次检验视为工程师在场情况下进行的验收，工程师应承认验收记录的正确性。

经工程师验收，工程质量符合标准、规范和设计图纸等要求，验收24小时后，工程师不在验收记录上签字，视为工程师已经认可验收记录，承包人可进行隐蔽和继续施工。

2）重新检验

无论工程师是否参加了验收，当其对某部分的工程质量有怀疑时，均可要求承包人对已经隐蔽的工程进行重新检验。承包人接到通知后，应按要求进行剥离或开孔，并在检验后重新覆盖或修复。

重新检验表明质量合格，发包人承担由此发生的全部追加合同价款，赔偿承包人损失，并相应顺延工期；检验不合格，承包人承担发生的全部费用，工期不予顺延。

施工合同管理案例

评价与反思

完成“典型工作环节2　施工阶段合同管理——质量管理”的学习表现评价和反思表。

<table>
<tr><td rowspan="2">典型工作环节名称</td><td rowspan="2">具体任务</td><td colspan="4">学习表现评价
（自评×30%＋互评×30%＋教师评价×40%）</td><td colspan="2">学习表现反思</td></tr>
<tr><td>自评得分</td><td>互评得分</td><td>教师评价得分</td><td>小计得分</td><td>学生反思</td><td>教师点评</td></tr>
<tr><td rowspan="3">典型工作环节2　施工阶段合同管理——质量管理</td><td>完成施工阶段材料和设备质量控制管理表格（30分）</td><td></td><td></td><td></td><td></td><td></td><td></td></tr>
<tr><td>梳理施工质量管理相关要求（40分）</td><td></td><td></td><td></td><td></td><td></td><td></td></tr>
<tr><td>描述隐蔽工程检验的程序及重新检验责任的确认原则（30分）</td><td></td><td></td><td></td><td></td><td></td><td></td></tr>
<tr><td colspan="2">签字</td><td colspan="3">自评人签字：</td><td colspan="2">互评人签字：</td><td>教师签字：</td></tr>
<tr><td colspan="5">最终得分</td><td colspan="3"></td></tr>
<tr><td colspan="5">累计得分</td><td colspan="3"></td></tr>
<tr><td colspan="5">对自己未来学习表现有何期待</td><td colspan="3"></td></tr>
</table>

巩固训练

1. 选择题

(1)发包人供应的材料设备与一览表不符时,(　　)有权拒绝,并可要求发包人更换,由此增加的费用和延误的工期由(　　)承担并支付承包人合理的利润。(单选)

A. 承包人,分包人　　B. 分包人,发包人

C. 承包人,发包人　　D. 总承包商,分包人

(2)工程师在施工过程中应采取(　　)等方式监督检查承包人的施工工艺和产品质量,对建筑产品的生产过程进行严格控制。(多选)

A. 巡视　　B. 旁站　　C. 平行检验　　D. 见证

(3)关于不符合质量要求的处理,下列说法正确的是(　　)。(多选)

A. 不论何时,工程师一经发现质量达不到约定标准的工程部分,均可要求承包人返工。承包人应当按照工程师的要求返工,直到符合约定标准

B. 因承包人原因达不到约定标准的,由承包人承担返工费用,工期不予顺延

C. 因发包人原因达不到约定标准的,由发包人承担返工的追加合同价款,工期相应顺延

D. 因双方原因达不到约定标准的,责任由业主承担

(4)关于隐蔽工程与重新检验,下列说法错误的是(　　)。(单选)

A. 工程具备隐蔽条件或达到专用条款约定的中间验收部位,承包人进行自检,并在隐蔽或中间验收前 48 小时以书面形式通知工程师验收

B. 工程师接到承包人的请求验收通知后,应在通知约定的时间与承包人共同进行检查或试验

C. 无论工程师是否参加了验收,当其对某部分的工程质量有怀疑时,均可要求承包人对已经隐蔽的工程进行重新检验

D. 重新检验表明质量合格,发包人承担由此发生的全部追加合同价款,赔偿承包人损失,并不顺延工期

(5)下列关于施工过程中检查和返工的表述,正确的是(　　)。(单选)

A. 承担由于自身原因导致的拆除和重新施工费用,工期给予顺延

B. 经过工程师检查检验合格后,又发现因承包人原因出现的质量问题,仍由承包人承担责任,赔偿发包人的直接损失,工期不应顺延

C. 工程师的检查检验原则上不应影响施工正常进行

D. 检查检验不合格时,影响正常施工的费用由发包人承担

E. 因工程师指令失误和其他非承包人原因发生的追加合同价款,由发包人承担

2. 案例分析

某工程,建设单位与监理公司签订了施工阶段的监理合同,与承包商签订了施工合同。工程施工中发生了如下事件:

(1)承包人按合同规定负责采购该工程的材料设备,并提供产品合格证明。在材料设备到货前,承包人按合同规定时间通知工程师清点,工程师在清点时发现材料的实际质量与产

品合格证明不符,采购的设备要求也不符。

(2)合同约定:该工程的门窗安装普通玻璃,颜色未明确。承包人认为白玻透光性好,性价比高,又不易过时,属大众化产品,故采购了白玻。施工后业主认为绿色是近两年的流行色,美观、时尚,又有一定的防紫外线功能,要求改装绿玻。承包人不同意,由此双方产生了争议。

问题:

(1)对于合同约定由承包人采购材料设备的,在质量控制方面对承包人有什么要求?

(2)对本案中发生的材料设备质量问题,监理工程师应如何处理?

典型工作环节3　施工阶段合同管理——进度管理

具体任务

任务1:描述施工阶段合同管理中关于进度管理的内容。

任务2:归纳总结关于暂停施工的合同管理要求,完成表5.5。

表5.5　暂停施工的合同管理

工程师指令的暂停施工	原因	
	处理程序	
发包人不能按时支付	延误支付预付款	
	拖欠工程进度款	

任务3:总结可顺延工期原因和处理程序,完成表5.6。

表5.6　工期顺延的情形及处理程序

可以顺延工期的情形	
处理程序	

任务4:描述发包人要求提前竣工需提供的条件。

学习资料

工程开工后,合同履行即进入施工阶段,直至工程竣工。这一阶段工程师进行进度管理的主要任务是控制施工工作按进度计划执行,确保施工任务在规定的合同工期内完成。

1. 按计划施工

开工后，承包人应按照工程师确认的进度计划组织施工，接受工程师对进度的检查、监督。一般情况下，工程师每月均应检查一次承包人的进度计划执行情况，由承包人提交一份上月进度计划执行情况及本月的施工方案和措施。同时，工程师还应进行必要的现场实地检查。

2. 承包人修改进度计划

实际施工过程中，由于受外界环境条件、人为条件、现场情况等的限制，经常出现与承包人开工前编制施工进度计划时预计的施工条件有出入的情况，导致实际施工进度与计划进度不符。不管实际进度是超前还是滞后于计划进度，只要与计划进度不符，工程师都有权通知承包人修改进度计划，以便更好地进行后续施工的协调管理。承包人应当按照工程师的要求修改进度计划并提出相应措施，经工程师确认后执行。

因承包人自身原因造成工程实际进度滞后于计划进度的，所有的后果都应由承包人自行承担。工程师不对确认后的改进措施效果负责，这种确认并不是工程师对工程延期的批准，而仅仅是要求承包人在合理的状态下施工。因此，如果修改后的进度计划不能按期完工，承包人仍应承担相应的违约责任。

3. 暂停施工

1)工程师指示的暂停施工

(1)暂停施工的原因

在施工过程中，有些情况会导致暂停施工。虽然暂停施工会影响工程进度，但在工程师认为确有必要时，可以根据现场的实际情况发布暂停施工指示。发出暂停施工指示的原因如下：

①外部条件的变化，如后续法规政策的变化导致工程停建、缓建；地方性法规要求在某一时段内不允许施工等。

②发包人应承担责任的原因。如发包人未能按时完成后续施工的现场或通道的移交工作；发包人订购的设备不能按时到货；施工中遇到了有考古价值的文物或古迹需要进行现场保护等。

③协调管理的原因。如同时在现场的几个独立承包人之间出现施工交叉干扰，工程师需进行必要的协调。

④承包人的原因。如发现施工质量不合格；施工作业方法可能危及现场或毗邻地区建筑物或人身安全等。

(2)暂停施工的管理程序

工程师认为确有必要暂停施工时，应当以书面形式要求承包人暂停施工，并在提出要求后 48 小时内提出书面处理意见。承包人应当按工程师要求停止施工，并妥善保护已完工程。承包人实施工程师作出处理意见后，可以书面形式提出复工要求，工程师应当在 48 小时内给予答复。工程师未能在规定时间内提出处理意见，或收到承包人复工要求后 48 小时内未予答复，承包人可自行复工。暂停施工的程序如图 5.1 所示。因发包人原因造成停工的，由发包人承担所发生的追加合同价款，赔偿承包人由此造成的损失，相应顺延工期；因承包人原因造成停工的，由承包人承担发生的费用，工期不予顺延。

图5.1　暂停施工的管理程序

2)由于发包人不能按时支付的暂停施工

施工合同示范文本通用条款对以下两种情况给予了承包人暂停施工的权利：

①延误支付预付款。发包人不按时支付预付款,承包人在约定时间7天后向发包人发出预付通知。发包人收到通知后仍不能按要求预付,承包人可在发出通知后7天停止施工。发包人应从约定应付之日起,向承包人支付应付款的贷款利息。

②拖欠工程进度款。发包人不按合同规定及时向承包人支付工程进度款且双方又未达成延期付款协议,导致施工无法进行,承包人可以停止施工,由发包人承担违约责任。

4.工期延误

施工过程中,由于社会条件、人为条件、自然条件和管理水平等因素的影响,可能导致工期延误不能按时竣工。是否应给承包人合理延长工期,应依据合同责任来判定。

(1)可以顺延工期的条件

按照施工合同示范文本通用条款的规定,以下原因造成的工期延误,经工程师确认后工期相应顺延：

①发包人不能按专用条款的约定提供开工条件;

②发包人不能按约定日期支付工程预付款、进度款,致使工程不能正常进行;

③工程师未按合同约定提供所需指令、批准等,致使施工不能正常进行;

④设计变更和工程量增加;

⑤一周内非承包人原因停水、停电、停气造成停工累计超过8小时;

⑥不可抗力;

⑦专用条款中约定或工程师同意工期顺延的其他情况。

上述情况工期可以顺延的根本原因在于,这些情况属于发包人违约或者是应当由发包人承担的风险。反之,如果造成工期延误的原因是承包人违约或者应当由承包人承担的风险,则工期不能顺延。

(2)工期顺延的确认程序

承包人在工期可以顺延的情况发生后14天内,应将延误的工期向工程师提出书面报告。工程师在收到报告后14天内予以确认答复,逾期不予答复,视为报告要求已经被确认。

工程师确认工期是否应予顺延,应当首先考察事件实际造成的延误时间,然后依据合同、施工进度计划、工期定额等进行判定。经工程师确认顺延的工期应纳入合同工期,作为合同工期的一部分。如果承包人不同意工程师的确认结果,则按合同规定的争议解决方式处理。

5.发包人要求提前竣工

施工中如果发包人出于某种考虑要求提前竣工,应与承包人协商。双方达成一致后签订提前竣工协议,作为合同文件的组成部分。提前竣工协议应包括以下内容：

①提前竣工的时间;

②发包人为赶工应提供的方便条件;

③承包人在保证工程质量和安全的前提下，可能采取的赶工措施；

④提前竣工所需的追加合同价款等。

承包人按照协议修订进度计划和制订相应的措施，工程师同意后执行。

评价与反思

完成“典型工作环节 3　施工阶段合同管理——进度管理”的学习表现评价和反思表。

<table>
<tr><th rowspan="2">典型工作环节名称</th><th rowspan="2">具体任务</th><th colspan="4">学习表现评价
（自评×30% +互评×30% +教师评价×40%）</th><th colspan="2">学习表现反思</th></tr>
<tr><th>自评得分</th><th>互评得分</th><th>教师评价得分</th><th>小计得分</th><th>学生反思</th><th>教师点评</th></tr>
<tr><td rowspan="4">典型工作环节 3　施工阶段合同管理——进度管理</td><td>描述施工阶段合同管理关于进度管理内容（20 分）</td><td></td><td></td><td></td><td></td><td></td><td></td></tr>
<tr><td>归纳总结关于暂停施工的合同管理要求（30 分）</td><td></td><td></td><td></td><td></td><td></td><td></td></tr>
<tr><td>总结可顺延工期原因和处理程序（30 分）</td><td></td><td></td><td></td><td></td><td></td><td></td></tr>
<tr><td>描述发包人要求提前竣工需提供的条件（20 分）</td><td></td><td></td><td></td><td></td><td></td><td></td></tr>
<tr><td colspan="2">签字</td><td colspan="3">自评人签字：</td><td colspan="2">互评人签字：</td><td>教师签字：</td></tr>
<tr><td colspan="5">最终得分</td><td colspan="3"></td></tr>
<tr><td colspan="5">累计得分</td><td colspan="3"></td></tr>
<tr><td colspan="5">对自己未来学习表现有何期待</td><td colspan="3"></td></tr>
</table>

巩固训练

1. 选择题

（1）一般情况下，工程师（　　）均应检查一次承包人的进度计划执行情况。（单选）

A. 每天　　B. 每周　　C. 每月　　D. 每季度

（2）因承包人自身原因造成工程实际进度滞后于计划进度，所有的后果都应由（　　）自行承担。（单选）

A. 发包人　　B. 承包人　　C. 分包人　　D. 工程师

(3)下列关于暂停施工的说法正确的是(　　)(单选)

A. 发包人原因造成暂停施工,承包人可不负责暂停施工期间工程的保护

B. 因发包人原因发生暂停施工的紧急情况时,承包人可以先暂停施工,并及时向监理人提出暂停施工的书面请求

C. 施工中出现意外情况需要暂停施工的,所有责任由发包人承担

D. 由于发包人原因引起的暂停施工,承包人有权要求延长工期和(或)增加费用,但不得要求补偿利润

(4)下列行为不符合暂停施工规定的是(　　)。(单选)

A. 工程师在确有必要时,应以书面形式下达停工指令

B. 工程师应在提出暂停施工要求后48小时内提出书面处理意见

C. 承包人实施工程师处理意见,提出复工要求后可复工

D. 工程师应在承包人提出复工要求后48小时内给予答复

(5)根据施工进度工期延误的有关规定,承包人在工期可以顺延的情况发生后14天内,应将延误的工期向(　　)提出书面报告。(单选)

A. 发包人　　B. 设计人　　C. 有关政府部门　　D. 监理工程师

(6)因(　　)造成的工期延误,工期不能顺延。

A. 发包人不能按合同约定提供开工条件

B. 发包人不能按合同约定提供工程预付款,致使工程不能正常进行

C. 一周内非承包人原因停水、停电造成停工累计6小时

D. 不可抗力

(7)施工中如果发包人出于某种考虑要求提前竣工,应与承包人协商。双方达成一致后签订提前竣工协议,作为合同文件的组成部分。提前竣工协议应包括(　　)。(多选)

A. 提前竣工的时间

B. 发包人为赶工应提供的方便条件

C. 承包人在保证工程质量和安全的前提下,可能采取的赶工措施

D. 提前竣工所需的追加合同价款等

2. 案例题

某厂房建设项目,建设单位与施工单位签订施工合同,合同价款为9 000万元,约定由施工单位完成厂房的土建工程,合同工期239天,每逾期一天,施工单位向建设单位支付1万元逾期违约金,违约金最高不超过合同结算价的3%。施工过程中,施工单位被发现往运输到现场的混凝土罐车中加水,建设单位要求暂停施工。建设单位委托第三方检测机构对已完工部位进行检测,检测结果显示混凝土强度不达标,建设单位委托设计单位就已完工部分进行加固设计,并在停工期间进行了加固施工,停工127天后,通知施工单位复工。最终,工程施工完成并通过竣工验收,工期延误127天。

工程结算过程中,建设单位要求施工单位支付工期延误违约金127万,赔偿其因混凝土强度不符合设计要求支出的检测费、加固设计费、图纸审核费、加固施工费、工期延误增加部分管理费用等75万元;施工单位要求建设单位支付剩余工程价款900万元,赔偿其暂停施工

期间产生的人员停窝工费用、机械设备租赁费用及周转性材料租赁费用等 180 万元。建设单位认为暂停期间施工单位的损失应由其自行承担，故仅同意支付剩余工程价款（且要扣除建设单位因停工产生的损失），拒绝支付人员停窝工费用、机械设备租赁费用及周转性材料租赁费用。

问题：暂停施工期间，施工单位的损失应由谁来承担？

典型工作环节 4　施工阶段合同管理——价款管理

具体任务

任务 1：叙述可以调整合同价款的原因。

任务 2：填写关于预付款的管理要求（表 5.7）。

表 5.7　预付款的管理要求

预付款支付	时间	
	目的	
	百分比计算法	
预付款扣回	起扣点计算法	
	公式	
预付款担保	提供时间	
	主要形式	
	金额	
	有效期	

任务 3：填写变更估价的类型及具体条件（表 5.8）。

表 5.8　变更估价的类型及具体条件

类型	原则
有适用的项目	
没有适用，但有类似	
没适用，没类似	
没适用，没类似且造价信息缺价	

任务4:描述工程计量的原则。

学习资料

1.支付管理

1)允许调整合同价款的情况

(1)可以调整合同价款的原因

采用可调价合同,通用条款规定出现以下四种情况时,可以对合同价款进行相应的调整:

①法律、行政法规和国家有关政策变化影响到合同价款。如施工过程中地方税的某项税费发生变化,按实际发生与订立合同时的差异进行增加或减少合同价款的调整。

②工程造价部门公布的价格调整。当市场价格浮动变化时,按照专用条款约定的方法对合同价款进行调整。

③一周内非承包人原因停水、停电、停气造成停工累计超过8小时。

④双方约定的其他因素。

(2)调整合同价款的管理程序

发生上述事件后,承包人应当在情况发生后14天内,将调整的原因、金额以书面形式通知工程师。

工程师确认调整金额后作为追加合同价款,与工程款同期支付。工程师收到承包人通知后14天内不予确认也不提出修改意见的,视为已经同意该项调整。

2)工程预付款的支付

(1)预付款支付

预付款用于承包人为合同工程施工购置材料、工程设备、施工设备、修建临时设施以及组织施工队伍进场等。预付款的额度和预付办法在专用合同条款中约定。

原则上,预付比例不低于合同金额(扣除暂列金额)的10% ,不高于合同金额(扣除暂列金额)的30%;对重大工程项目,按年度工程计划逐年预付。

在具备施工条件的前提下,发包人应在双方签订合同后的1个月内或约定的开工日期前7日内预付工程款。预付款必须专用于合同工程。

(2)预付款扣回

按专用合同条款约定,从每次支付的工程款中扣回预付款,合同完成前逐次扣回。从未施工工程尚需的主要材料及构件的价值相当于工程预付款数额时起扣,从每次结算工程价款中按材料比重扣抵工程价款,竣工前全部扣清,该方法对承包人比较有利,最大限度地占用了发包人的流动资金。起扣点的计算公式如下:

$$T = P - M/N$$

式中　T——起扣点,即预付备料款开始扣回的累计完成工作量金额;

P——承包合同总合同额;

M——工程预付款数额;

N——主要材料和构件所占总价款的比重。

【例】某项工程合同价100万元,预付备料款数额为24万元,主要材料、构件所占比重为60%。问:起扣点为多少万元?

根据起扣点计算公式得：

$$T = P - M/N = 100 - 24 \div 60\% = 60 \text{ 万元。}$$

则当工程量完成 60 万元时，本项工程预付款开始起扣。

(3)预付款担保

预付款担保是指承包人与发包人签订合同后，承包人正确、合理使用发包人支付的预付款的担保。建设工程合同签订以后，发包人给承包人一定比例的预付款，一般为合同金额的 10%，但需由承包人的开户银行向发包人出具预付款担保。

预付款担保的主要形式为银行保函。其主要作用是保证承包人能够按合同规定进行施工，偿还发包人已支付的全部预付金额。如果承包人中途毁约，中止工程，使发包人不能在规定期限内从应付工程款中扣除全部预付款，则发包人作为保函的受益人有权凭预付款担保向银行索赔该保函的担保金额作为补偿。

3)工程进度款的支付

(1)工程进度款的计算内容

本期应支付承包人的工程进度款的款项计算内容包括：

①经过确认核实的完成工程量对应工程量清单或报价单的相应价格计算应支付的工程款。

②设计变更应调整的合同价款。

③本期应扣回的工程预付款。

④根据合同允许调整合同价款原因应补偿承包人的款项和应扣减的款项。

⑤经过工程师批准的承包人索赔款等。

(2)发包人的支付责任

发包人应在双方计量确认后 14 天内向承包人支付工程进度款。发包人超过约定的支付时间不支付工程进度款时：

①承包人可向发包人发出要求付款的通知。

②协商延期支付。发包人在收到承包人通知后仍不能按要求支付，可与承包人协商签订延期付款协议，经承包人同意后可以延期支付。

③停止施工。发包人不按合同约定支付工程款(进度款)，双方又未达成延期付款协议，导致施工无法进行的，承包人可停止施工，由发包人承担违约责任。

延期付款协议中须明确延期支付时间，以及从计量结果确认后第 15 天起计算应付款的贷款利息。

2. 变更管理

施工合同示范文本中将工程变更分为工程设计变更和其他变更两类。其他变更是指合同履行中发包人要求变更工程质量标准及其他实质性变更。发生这类情况后，由当事人双方协商解决。

1)工程师指示的设计变更

施工合同示范文本通用条款中明确规定，工程师依据工程项目的需要和施工现场的实际情况，可以就以下方面向承包人发出变更通知：

①增加或减少合同中任何工作，或追加额外的工作；

②取消合同中任何工作,但转由他人实施的工作除外;

③改变合同中任何工作的质量标准或其他特性;

④改变工程的基线、标高、位置和尺寸;

⑤改变工程的时间安排或实施顺序。

2)设计变更程序

(1)发包人要求的设计变更

①变更通知发出的时间与形式。施工中发包人需对原工程设计进行变更,应提前14天以书面形式向承包人发出变更通知。

②行政审批与变更图纸的单位。变更超过原设计标准或批准的建设规模时,发包人应报规划管理部门和其他有关部门重新审查批准,并由原设计单位提供变更的相应图纸和说明。

③变更程序。工程师向承包人发出设计变更通知后,承包人按照工程师发出的变更通知及有关要求,进行所需的变更。

④变更费用与工期延误的处理。因设计变更导致合同价款的增减及造成的承包人损失由发包人承担,延误的工期相应顺延。

(2)承包人要求的设计变更

①施工中承包人不得因施工方便而要求对原工程设计进行变更。

②承包人在施工中提出的合理化建议被发包人采纳,若建议涉及对设计图纸或施工组织设计的变更及对材料、设备的换用,则须经工程师同意。

③未经工程师同意承包人擅自更改或换用,承包人应承担由此发生的费用,并赔偿发包人的有关损失,延误的工期不予顺延。

④工程师同意采用承包人的合理化建议,所发生费用和获得收益的分担或分享,由发包人和承包人另行约定。

3)变更价款的确定

(1)确定变更价款的程序

①承包人在工程变更确定后14天内,可提出变更涉及的追加合同价款要求的报告,经工程师确认后相应调整合同价款。如果承包人在双方确定变更后的14天内未向工程师提出变更工程价款的报告,视为该项变更不涉及合同价款的调整。

②工程师应在收到承包人的变更合同价款报告后14天内,对承包人的要求予以确认或作出其他答复。工程师无正当理由不确认或答复时,自承包人的报告送达之日起14天后,视为变更价款报告已被确认。

③工程师确认增加的工程变更价款作为追加合同价款,与工程进度款同期支付。工程师不同意承包人提出的变更价款,按合同约定的争议条款处理。

因承包人自身原因导致的工程变更,承包人无权要求追加合同价款。

(2)变更估价的原则

①已标价工程量清单或预算书有相同项目的,且工程变更导致的该清单项目的工程数量变化不足15%时,按照相同项目单价认定。

②已标价工程量清单或预算书中无相同项目,但有类似项目的,参照类似项目的单价认定。

③变更导致实际完成的变更工程量与已标价工程量清单或预算书中列明的该项目工程量的变化幅度超过15%的,或已标价工程量清单或预算书中无相同项目及类似项目单价的,按照合理的成本与利润构成的原则,由承包人根据变更工程资料、计量规则和计价办法、工程造价管理机构发布的参考信息价格和承包人报价浮动率,提出变更工程项目的单价或总价,报发包人确认后调整。

3. 工程量的确认

由于签订合同时在工程量清单内开列的工程量是估计工程量,实际施工可能与其有差异,因此发包人支付工程进度款前应对承包人完成的实际工程量予以确认或核实,按照承包人实际完成永久工程的工程量进行支付。

(1)承包人提交工程量报告

承包人应按专用条款约定的时间,向工程师提交本阶段(月)已完工程量的报告,说明本期完成的各项工作内容和工程量。确认工程量的程序如图 5.2 所示。

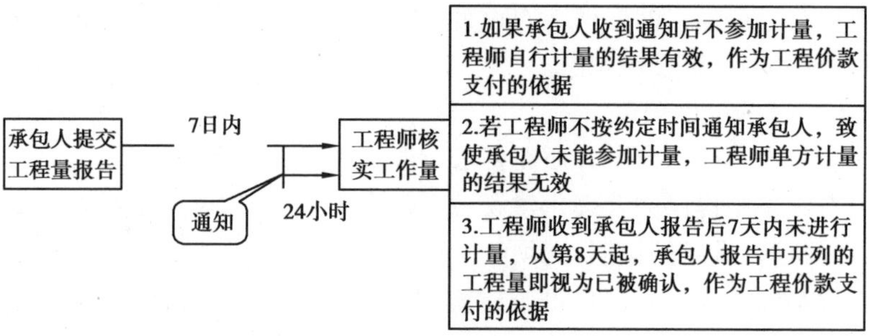

图 5.2　确认工程量的程序

(2)工程计量的原则

①不符合合同文件要求的工程不予计量。即工程必须满足设计图纸、技术规范等合同文件对其在工程质量上的要求,同时有关的工程质量验收资料齐全、手续完备,满足合同文件对其在工程管理上的要求。

②按合同文件规定的方法、范围、内容和单位计量。工程计量的方法、范围、内容和单位受合同文件约束,其中工程量清单(说明)、技术规范、合同条款均会从不同角度、不同侧面涉及这方面的内容。在计量时要严格遵循这些文件的规定,并且一定要结合起来使用。

③因承包人原因造成的超出合同工程范围施工或返工的工程量,发包人不予计量。

4. 不可抗力导致的合同价款变化

(1)不可抗力

不可抗力是指合同双方在合同履行中出现的不能预见、不能避免且不能克服的客观情况。不可抗力的范围一般包括因战争、敌对行动(无论是否宣战)、入侵、外敌行为、军事政变、恐怖主义、骚动、暴动、空中飞行物坠落或其他非合同双方当事人责任或原因造成的罢工、停工、爆炸、火灾等,以及当地气象、地震、卫生等部门规定的情形。双方当事人应当在合同专用条款中明确约定不可抗力的范围以及具体的判断标准。

(2)不可抗力造成费用损失的承担

因不可抗力事件导致的人员伤亡、财产损失及其费用增加,发承包双方应按以下原则分别承担：

①合同工程本身的损害、因工程损害导致第三方人员伤亡和财产损失以及运至施工现场用于施工的材料和待安装的设备的损害，由发包人承担。

②发包人、承包人人员伤亡由其所在单位负责，并承担相应费用。

③承包人的施工机械设备损坏及停工损失，由承包人承担。

④停工期间，承包人应发包人要求留在施工场地的必要的管理人员及保卫人员的费用由发包人承担。

⑤工程所需清理、修复费用，由发包人承担。

评价与反思

完成“典型工作环节4　施工阶段合同管理——价款管理”的学习表现评价和反思表。

典型工作环节名称	具体任务	学习表现评价（自评×30%＋互评×30%＋教师评价×40%）				学习表现反思	
		自评得分	互评得分	教师评价得分	小计得分	学生反思	教师点评
典型工作环节4　施工阶段合同管理——价款管理	叙述可以调整合同价款的原因(20分)						
	填写关于预付款的管理要求(30分)						
	填写变更估价的原则(30分)						
	描述工程计量的原则(20分)						
签字		自评人签字：			互评人签字：		教师签字：
最终得分							
累计得分							
对自己未来学习表现有何期待							

巩固训练

1. 选择题

(1)依据《建设工程施工合同(示范文本)》的规定，下列有关设计变更的说法正确的有(　　)。(多选)

A. 发包人需要对原设计进行变更，应提前14天书面通知承包人

B. 承包人为了便于施工,可以要求对原设计进行变更

C. 承包人在变更确认后的 14 天内未向工程师提出变更价款报告,视为该工程变更不涉及价款变更

D. 工程师确认增加的工程变更价款,应在工程验收后单独支付

E. 合同中没有

(2)《建设工程施工合同(示范文本)》规定的设计变更范畴不包括(　　)。(单选)

A. 增加合同中约定的工程量

B. 删减承包范围的工作内容交给其他人实施

C. 改变承包人原计划的工作顺序和时间

D. 更改工程有关部分的标高

(3)下列关于施工企业要求对原工程进行变更的说法正确的有(　　)。(多选)

A. 施工企业在施工中不得对原工程设计进行变更

B. 施工企业在施工中提出更改施工组织设计的须经工程师同意,延误的工期不予顺延

C. 工程师采用施工企业合理化建议所获得的收益,建设单位和施工企业另行约定分享

D. 施工企业擅自变更设计发生的费用和由此导致的建设单位的损失由施工企业承担,延误的工期不予顺延

E. 施工企业自行承担价差时,对原材料、设备换用不必经工程师同意

(4)编制招标工程量清单时,应根据施工图纸的深度、暂估价的设定水平、合同价款约定调整因素以及工程实际情况合理确定的清单项目是(　　)。(单选)

A. 措施项目清单　　B. 暂列金额　　C. 专业工程暂估价　D. 计日工

(5)发生下列工程事项时,发包人应予计量的是(　　)。(单选)

A. 承包人自行增建的临时工程工程量

B. 因监理人抽查不合格返工增加的工程量

C. 承包人修复因不可抗力损坏工程增加的工程量

D. 承包人自检不合格返工增加的工程量

(6)下列因不可抗力造成的损失,应由承包人承担的是(　　)。(单选)

A. 工程所需清理、修复费用

B. 运至施工场地待安装设备的损失

C. 承包人的施工机械设备损坏及停工损失

D. 停工期间,发包人要求承包人留在工地的保卫人员费用

(7)对于在施工中发生的不可抗力,其产生的费用和责任的规定有(　　)。(多选)

A. 工程本身的损害由发包人承担

B. 人员伤亡由其所属单位负责,并承担相应费用

C. 造成承包人设备、机械的损坏及停工等损失,由承包人承担

D. 所需清理修复工作的责任与费用的承担,双方可协商另定

E. 发生的一切损害及费用均由发包人承担

(8)采用起扣点计算法扣回预付款的正确做法是(　　)。(单选)

A.从已完工程的累计合同额相当于工程预付款数额时起扣

B.从已完工程所用的主要材料及构件的价值相当于工程预付款数额时起扣

C.从未完工程所需的主要材料及构件的价值相当于工程预付款数额时起扣

D.从未完工程的剩余合同额相当于工程预付款数额时起扣

(9)以下属于可以发出变更通知情形的有(　　)。(多选)

A.增加或减少合同中任何工作,或追加额外的工作

B.取消合同中任何工作,并转由他人实施

C.改变合同中任何工作的质量标准或其他特性

D.改变工程的时间安排或实施顺序

(10)下列工程施工中的情形,发包人不予计量的有(　　)。(多选)

A.监理人抽检不合格返工增加的工程量

B.承包人自检不合格返工增加的工程量

C.承包人修复因不可抗力损坏工程增加的工程量

D.承包人在合同范围之外按发包人要求增建的临时工程工程量

E.工程质量验收资料缺项的工程量

2.案例题

某施工单位(乙方)与某建设单位(甲方)签订了某工业建筑的地基强夯处理与基础工程施工合同。由于工程量无法准确确定,根据施工合同专用条款的规定,按施工图预算方式计价,乙方必须严格按照施工图及施工合同规定的内容及技术要求施工。乙方的分项工程首先向监理工程师申请质量认证,取得质量认证后,向造价工程师提出计量申请和支付工程款。

工程开工前,乙方提交了施工组织设计并得到批准。

问题:

(1)在工程施工过程中,当进行到施工图所规定的处理范围边缘时,乙方在取得在场监理工程师认可的情况下,为使夯击质量得到保证,将夯击范围适当扩大。施工完成后,乙方就扩大范围内的施工工程量向造价工程师提出计量付款的要求,但遭到拒绝。试问造价工程师拒绝承包商的要求是否合理?为什么?

(2)在工程施工过程中,乙方根据监理工程师指示就部分工程进行了变更施工。试问变更部分合同价款应根据什么原则确定?

(3)在开挖土方过程中,有两项重大事件使工期发生较大的拖延:一是土方开挖时遇到了一些工程地质勘探没有探明的孤石,排除孤石拖延了一定的时间;二是施工过程中遇到数天季节性大雨后又转为特大暴雨引起山洪暴发,现场临时道路、管网和施工用房等设施以及已施工的部分基础被冲坏,施工设备损坏,运进现场的部分材料被冲走,乙方数名施工人员受伤,雨后乙方用了很多时间清理现场和恢复施工条件。为此乙方按照索赔程序提出了延长工期和费用补偿要求。试问造价工程师应如何处理?

典型工作环节 5　竣工阶段合同管理

具体任务

任务 1：完成关于工程试车管理的内容（表 5.9）。

表 5.9　工程试车管理相关内容

管理内容	时间安排	组织人	参与人	签字要求
单机无负荷试车				
联动无负荷试车				

任务 2：梳理竣工验收管理的条件和程序（表 5.10）。

表 5.10　竣工验收管理的条件和程序

竣工验收的条件	
竣工验收的程序	

任务 3：填写竣工结算的计价原则（表 5.11）。

表 5.11　竣工结算的计价原则

单价项目	
总价措施项目	
其他项目	
规费和税金	

任务 4：总结工程质量保修范围和保修期限要求。

学习资料

1. 工程试车

包括设备安装工程的施工合同，设备安装工作完成后，要对设备运行的性能进行检验。

1)竣工前的试车

竣工前的试车工作分为单机无负荷试车和联动无负荷试车两类。双方约定需要试车的,试车内容应与承包人承包的安装范围一致。

(1)单机无负荷试车

由于单机无负荷试车所需的环境条件在承包人的设备现场范围内,因此安装工程具备试车条件时,由承包人组织试车。承包人应在试车前 48 小时向工程师发出要求试车的书面通知,通知包括试车内容、时间、地点。承包人准备试车记录,发包人根据承包人要求为试车提供必要条件。试车合格,工程师在试车记录上签字。

工程师不能按时参加试车,须在开始试车前 24 小时以书面形式向承包人提出延期要求,延期不能超过 48 小时。工程师未能按以上时间提出延期要求,不参加试车的,应承认试车记录。

(2)联动无负荷试车

进行联动无负荷试车时,由于需要外部的配合条件,因此具备联动无负荷试车条件时,由发包人组织试车。发包人在试车前 48 小时书面通知承包人做好试车准备工作。通知包括试车内容、时间、地点和对承包人的要求等。承包人按要求做好准备工作。试车合格,双方在试车记录上签字。

(3)试车中双方的责任

①由于设计原因试车达不到验收要求,发包人应要求设计单位修改设计,承包人按修改后的设计重新安装。发包人承担修改设计、拆除及重新安装的全部费用和追加合同价款,工期相应顺延。

②由于设备制造原因试车达不到验收要求,由该设备采购一方负责重新购置或修理,承包人负责拆除或重新安装。设备由承包人采购的,由承包人承担修理或重新购置、拆除及重新安装的费用,工期不予顺延;设备由发包人采购的,发包人承担上述各项追加合同价款,工期相应顺延。

③由于承包人施工原因试车达不到要求,承包人按工程师要求重新安装和试车,并承担重新安装和试车的费用,工期不予顺延。

④试车费用除已包括在合同价款之内或专用条款另有约定外,均由发包人承担。

⑤工程师在试车合格后不在试车记录上签字,试车结束 24 小时后,视为工程师已经认可试车记录,承包人可继续施工或办理竣工手续。

2)竣工后的试车

投料试车属于竣工验收后的带负荷试车,不属于承包的工作范围,一般情况下承包人不参与此项试车。如果发包人要求在工程竣工验收前进行或需要承包人在试车时予以配合,应征得承包人同意,另行签订补充协议。试车组织和试车工作由发包人负责。

2. 竣工验收

工程验收是合同履行中的一个重要工作阶段,工程未经竣工验收或竣工验收未通过的,发包人不得使用。发包人强行使用时,由此发生的质量问题及其他问题,由发包人承担责任。

竣工验收分为分项工程竣工验收和整体工程竣工验收两大类,视施工合同约定的工作范围而定。

1)竣工验收需满足的条件

依据施工合同示范文本通用条款和法规的规定,竣工工程必须符合下列基本要求:

①完成工程设计和合同约定的各项内容。

②施工单位在工程完工后对工程质量进行了检查,确认工程质量符合有关工程建设强制性标准,符合设计文件及合同要求,并提交工程竣工报告。工程竣工报告应经项目经理和施工单位有关负责人审核签字。

③对于委托监理的工程项目,监理单位对工程进行了质量评价,具有完整的监理资料,并提交工程质量评价报告。工程质量评价报告应经总监理工程师和监理单位有关负责人审核签字。

④勘察、设计单位对勘察、设计文件及施工过程中由设计单位签署的设计变更通知书进行了确认。

⑤有完整的技术档案和施工管理资料。

⑥有工程使用的主要建筑材料、建筑构配件和设备合格证及必要的进场试验报告。

⑦有施工单位签署的工程质量保修书。

⑧有公安消防、环保等部门出具的认可文件或准许使用文件。

⑨建设行政主管部门及其委托的工程质量监督机构等有关部门责令整改的问题全部整改完毕。

2)竣工验收程序

工程具备竣工验收条件,发包人按国家工程竣工验收有关规定组织验收工作。

(1)承包人申请验收

工程具备竣工验收条件,承包人向发包人申请工程竣工验收,递交竣工验收报告并提供完整的竣工资料。实行监理的工程,工程竣工报告必须经总监理工程师签署意见。

(2)发包人组织验收组

对符合竣工验收要求的工程,发包人收到工程竣工报告后 28 天内,组织勘察、设计、施工、监理、质量监督机构和其他有关方面的专家组成验收组,制订验收方案。

(3)验收步骤

由发包人组织工程竣工验收。验收过程主要包括:

①发包人、承包人、勘察、设计、监理单位分别向验收组汇报工程合同履约情况和在工程建设各个环节执行法律、法规和工程建设强制性标准的情况;

②验收组审阅建设、勘察、设计、施工、监理单位提供的工程档案资料;

③查验工程实体质量;

④验收组通过查验后,对工程施工、设备安装质量和各管理环节等方面作出总体评价,形成工程竣工验收意见(包括基本合格、对不符合规定部分的整改意见)。参与工程竣工验收的发包人、承包人、勘察、设计、施工、监理等各方不能形成一致意见时,应报当地建设行政主管部门或监督机构进行协调,待意见一致后,重新组织工程竣工验收。

(4)验收后的管理

①发包人在验收后 14 天内给予认可或提出修改意见。竣工验收合格的工程移交给发包人运行使用,承包人不再承担工程保管责任。需要修改缺陷的部分,承包人应按要求进行修

改,并承担由自身原因造成修改的费用。

②发包人收到承包人送交的竣工验收报告后28天内不组织验收,或验收后14天内不提出修改意见,视为竣工验收报告已被认可。同时,从第29天起,发包人承担工程保管及一切意外责任。

③因特殊原因,发包人要求部分单位工程或工程部位甩项竣工的,双方另行签订甩项竣工协议,明确双方责任和工程价款的支付方法。

中间竣工工程的范围和竣工时间,由双方在专用条款内约定,其验收程序与上述规定相同。

3)竣工时间的确定

①工程竣工验收通过,承包人送交竣工验收报告的日期为实际竣工日期。

②工程按发包人要求修改后通过竣工验收的,实际竣工日期为承包人修改后提请发包人验收的日期。这个日期的重要作用是用于计算承包人的实际施工期限,与合同约定的工期相比是提前竣工还是延误竣工。

合同约定的工期指协议书中写明的时间与施工过程中遇到合同约定可以顺延工期条件情况后,经过工程师确认应给予承包人顺延工期之和。

承包人的实际施工期限,从开工日起到上述确认为竣工日期之间的日历天数。开工日正常情况下为专用条款约定的日期,也可能是由于发包人或承包人要求延期开工,经工程师确认的日期。

3.竣工结算

1)竣工结算的计价原则

在采用工程量清单计价的方式下,竣工结算应按规定的计价原则(表5.12)进行编制。

表5.12　竣工结算的计价原则

单价项目	双方确认的工程量×已标价工程量清单综合单价 如发生调整,以双方确认调整的综合单价计算
总价措施项目	依据合同约定的项目和金额计算 安全文明施工费必须按规定计算
其他项目	计日工按发包人实际签证确认的事项计算 暂估价按规定计算 总承包服务费依据合同约定计算 索赔费用依据双方确认的事项和金额计算 现场签证费用依据双方签证资料确认的金额计算 暂列金额应减去工程价款调整(包括索赔、现场签证)金额计算,如有余额归发包人
规费和税金	按国家或省级、行业建设主管部门的规定计算

如发生调整的,以发承包双方确认的金额调整。

2)竣工结算程序

(1)承包人递交竣工结算报告

工程竣工验收报告经发包人认可后,承发包双方应当按协议书约定的合同价款及专用条款约定的合同价款调整方式，进行工程竣工结算。

工程竣工验收报告经发包人认可后28天内，承包人向发包人递交竣工结算报告及完整的结算资料。

(2)发包人进行核实和支付

发包人自收到竣工结算报告及结算资料后28天内进行核实，给予确认或提出修改意见。发包人认可竣工结算报告后，及时办理竣工结算价款的支付手续。

(3)移交工程

承包人收到竣工结算价款后14天内将竣工工程交付发包人，施工合同即告终止。

3)竣工结算的违约责任

(1)发包人的违约责任

①发包人收到竣工结算报告及结算资料后28天内无正当理由不支付工程竣工结算价款的，从第29天起按承包人同期向银行贷款利率支付拖欠工程价款的利息，并承担违约责任。

②发包人收到竣工结算报告及结算资料后28天内不支付工程竣工结算价款，承包人可以催告发包人支付结算价款。发包人在收到竣工结算报告及结算资料后56天内仍不支付的，承包人可以与发包人协议将该工程折价，也可以由承包人申请人民法院将该工程依法拍卖，承包人就该工程折价或者拍卖的价款优先受偿。

(2)承包人的违约责任

工程竣工验收报告经发包人认可后28天内，承包人未能向发包人递交竣工结算报告及完整的结算资料，造成工程竣工结算不能正常进行或工程竣工结算价款不能及时支付时，如果发包人要求交付工程，承包人应当交付；如发包人不要求交付工程，承包人仍应承担保管责任。

4. 质量保证金的管理

1)缺陷责任期

缺陷责任期是指承包人按照合同约定承担缺陷修复义务，且发包人预留质量保证金(已缴纳履约保证金的除外)的期限，通常是从工程通过竣工验收之日起计算，一般为1年，最长不超过2年。因承包人原因导致工程无法按合同约定期限进行竣工验收的，缺陷责任期为实际通过竣工验收之日。因发包人原因导致工程无法按约定竣工验收的，承包人提交竣工验收报告90天后，工程自动进入缺陷责任期。

2)质量保证金的预留及返还

(1)质量保证金的预留

质量保证金的预留比例不得高于工程价款结算总额的3%。以银行保函替代质量保证金的，不得高于工程价款结算总额的3%。在工程项目竣工前，已经缴纳履约保证金的，发包人不得同时预留工程质量保证金。采用工程质量保证担保、工程质量保险等其他方式的，发包人不得再预留质量保证金。

(2)质量保证金的返还

发包人在接到承包人返还质量保证金申请后，14天内核实，无异议，按约定返还。返还期限没有约定或约定不明的，核实后14天内退还。逾期未退还，发包人承担违约责任。发包人收到申请14天内不予答复，承包人催告后14天内仍不答复的，视同认可申请。

5. 最终结清

所谓最终结清，是指合同约定的缺陷责任期终止后，承包人已按合同规定完成全部剩余工作且质量合格的，发包人与承包人结清全部剩余款项的活动。

1) 最终结清申请单

缺陷责任期终止后，承包人已按合同规定完成全部剩余工作且质量合格的，发包人签发缺陷责任期终止证书，承包人可按合同约定的份数和期限向发包人提交最终结清申请单，并提供相关证明材料，详细说明承包人根据合同规定已经完成的全部工程价款金额以及承包人认为根据合同规定应进一步支付给他的其他款项。发包人对最终结清申请单内容有异议的，有权要求承包人进行修正和提供补充资料，由承包人向发包人提交修正后的最终结清申请单。

2) 最终支付证书

发包人收到承包人提交的最终结清申请单后的 14 天内予以核实，向承包人签发最终支付证书。发包人未在约定时间内核实，又未提出具体意见的，视为承包人提交的最终结清申请单已被发包人认可。

发包人应在收到最终结清支付申请后的 14 天内予以核实，向承包人签发最终结清支付证书。若发包人未在约定时间内核实，又未提出具体意见的，视为承包人提交的最终结清支付申请已被发包人认可。

3) 最终结清付款

发包人应在签发最终结清支付证书后的 14 天内，按照最终结清支付证书列明的金额向承包人支付最终结清款。最终结清付款后，承包人在合同内享有的索赔权利也自行终止。发包人未按期支付的，承包人可催告发包人在合理的期限内支付，并有权获得延迟支付的利息。最终结清时，如果承包人被扣留的质量保证金不足以抵减发包人工程缺陷修复费用的，承包人应承担不足部分的补偿责任。

承包人对发包人支付的最终结清款有异议的，按照合同约定的争议解决方式处理。

6. 工程保修

承包人应当在工程竣工验收之前，与发包人签订质量保修书，作为合同附件。

1) 工程质量保修的范围和内容

双方按照工程的性质和特点，具体约定保修的相关内容。房屋建筑工程的保修范围包括地基基础工程、主体结构工程，屋面防水工程、有防水要求的卫生间和外墙面的防渗漏，供热与供冷系统，电气管线、给排水管道、设备安装和装修工程，以及双方约定的其他项目。

2) 质量保修期

《建设工程质量管理条例》对在正常使用条件下的工程最低保修期限做出了明确规定，见表5.13。

表5.13　工程最低保修期限

保修范围和内容	最低保修期	备注
基础设施工程、房屋建筑的地基基础工程和主体工程	设计文件规定的该工程的合理使用年限	保修期从竣工验收合格之日起计算

续表

保修范围和内容	最低保修期	备注
屋面防水工程、有防水要求的卫生间、房间和外墙面的防渗漏	5 年	当事人协商约定的保修期限,不得低于法规规定的标准
供热与供冷系统	2 个采暖期、供冷期	
电气管线、给排水管道、设备安装和装修工程	2 年	

3)质量保修责任

①属于保修范围、内容的项目,承包人应在接到发包人的保修通知起 7 天内派人保修。承包人不在约定期限内派人保修,发包人可以委托其他人修理。

②发生紧急抢修事故时,承包人接到通知后应当立即到达事故现场抢修。

③涉及结构安全的质量问题,应当按照《房屋建筑工程质量保修办法》的规定,立即向当地建设行政主管部门报告,采取相应的安全防范措施。由原设计单位或具有相应资质等级的设计单位提出保修方案,承包人实施保修。

④质量保修完成后,由发包人组织验收。

4)保修费用

《建设工程质量管理条例》颁布后,由于保修期限较长,为了维护承包人的合法利益,竣工结算时不再扣留质量保修金。

保修费用,由造成质量缺陷的责任方承担。

评价与反思

完成“典型工作环节 5　竣工阶段合同管理”的学习表现评价和反思表。

典型工作环节名称	具体任务	学习表现评价（自评×30%+互评×30%+教师评价×40%）				学习表现反思	
		自评得分	互评得分	教师评价得分	小计得分	学生反思	教师点评
典型工作环节5　竣工阶段合同管理	完成关于工程试车管理的内容(20 分)						
	梳理竣工验收管理的要求(30 分)						
	填写竣工结算的计价原则(30 分)						
	总结工程质量保修范围和保修期限要求(20 分)						

续表

签字	自评人签字:	互评人签字:	教师签字:
最终得分			
累计得分			
对自己未来学习表现有何期待			

巩固训练

1.选择题

(1)工程按发包人要求修改后通过竣工验收的,实际竣工日为(　　)。(单选)

A.承包人送交竣工验收报告之日　　B.修改后通过竣工验收之日

C.修改后提请发包人验收之日　　D.完工日

(2)发包人出于某种需要希望工程能够提前竣工,则其应做的工作包括(　　)。(多选)

A.向承包人发出必须提前竣工的指令　　B.与承包人协商并签订提前竣工协议

C.负责修改施工进度计划　　D.为承包人提供赶工的便利条件

E.减少对工程质量的检测试验项目

(3)编制竣工结算文件时,应按国家、省级或行业建设主管部门的规定计价的是(　　)。(单选)

A.劳动保险费　　B.总承包服务费　　C.安全文明施工费　D.现场签证费

(4)关于政府投资项目竣工结算的审核,下列说法正确的是(　　)。(单选)

A.单位工程竣工结算由承包人审核

B.单项工程竣工结算由承包人审核

C.建设项目竣工总结算由发包人委托造价工程师审核

D.竣工结算文件由发包人委托具有相应资质的工程造价咨询机构审核

(5)发包人对工程质量有异议,竣工结算仍应按合同约定办理的情形有(　　)。(多选)

A.工程已竣工验收的

B.工程已竣工未验收,但实际投入使用的

C.工程已竣工未验收,且未实际投入使用的

D.工程停建,对无质量争议的部分

E.工程停建,对有质量争议的部分

(6)根据《建设工程质量保证金管理办法》(建质〔2017〕138号),质量保证金总预留比例不得高于工程价款结算总额的(　　)。(单选)

A.1%　　B.2%　　C.3%　　D.5%

(7)承包人按合同接受竣工结算支付证书的,可以认为承包人已无权要求(　　)颁发前发生的工程变更。(单选)

A. 合同工程接收证书　　　　B. 质量保证金返还证书

C. 缺陷责任期终止证书　　　　D. 最终支付证书

(8)下列建设工程施工合同无效情况下产生的价款纠纷,法院不予支持的是(　　)。(单选)

A. 工程验收合格,承包人请求参照合同关于工程价款的约定折价补偿

B. 工程验收不合格、但修复后合格,发包人要求承包人承担修复费用

C. 工程验收不合格、修复后仍不合格,承包人请求支付工程价款

D. 承包人超越资质等级签订施工合同,但竣工前取得相应资质等级,请求按照有效合同处理

(9)因不可抗力解除合同的,发包人不应向承包人支付的费用是(　　)。(单选)

A. 临时工程拆除费　　　　B. 承包人未交付材料的货款

C. 已实施的措施项目应付价款　　　　D. 承包人施工设备运离现场的费用

(10)建设工程最终结清的工作事项和时间节点包括:①提交最终结清申请单;②签发最终结清支付证书;③签发缺陷责任期终止证书;④最终结清付款;⑤缺陷责任期终止。按时间先后顺序排列正确的是(　　)。(单选)

A. ⑤③①②④　　B. ①②④⑤③　　C. ③①②④⑤　　D. ①③②⑤④

2. 案例题

某建筑公司与某学校签订建设工程施工合同,明确承包方(建筑公司)保质、保量、保工期完成发包方(学校)的教学楼施工任务。工程竣工后,承包方向发包方提交了竣工报告,发包方认为工程质量好,双方合作愉快,为不影响学生上课,没有组织验收,便直接使用。使用中发现教学楼存在质量问题,遂要求承包方修理。承包方则认为工程未经验收,提前使用,出现质量问题,承包商不再承担责任。

问题:

(1)依据有关法律、法规,该质量问题的责任由(　　)承担。

A. 承包方　　　　B. 发包方

C. 承包方与发包方　　　　D. 现场监理工程师

(2)工程未经验收,发包方提前使用,可否视为工程已交付,承包方不再承担责任?

(3)如果工程现场有业主聘任的监理工程师,出现上述问题应如何处理,是否承担一定责任?

(4)发生上述问题,承包方的保修责任应如何履行?

典型工作环节 6　处理建设工程索赔

具体任务

任务 1:列举工程索赔的原因。

任务2：确定索赔事件成立的前提条件。

任务3：根据《中华人民共和国标准施工招标文件》中承包人的索赔事件及可补偿内容，对索赔事件进行分类，完成表5.13。

表5.13　索赔事件的分类

索赔可补偿的内容	索赔事件
工期	
费用	
工期+费用	
工期+费用+利润	

任务4：描述工程索赔的程序。

学习资料

1.索赔的概念及分类

索赔是在合同履行过程中，当事人一方因非己方原因而遭受经济损失或工期延误，按照合同约定或法规规定，由对方承担责任而向对方提出工期和(或)费用补偿要求的行为。索赔根据分类依据，可以分为不同的种类，见表5.14。

表 5.14　建设工程索赔的分类

分类依据	种类
索赔的当事人	承包人与发包人之间的索赔 总承包人和分包人之间的索赔
索赔目的和要求	工期索赔 费用索赔
索赔事件的性质	工程延误索赔——因发包人或不可抗力原因 加速施工索赔 工程变更索赔 合同终止索赔 不可预见的不利条件索赔 不可抗力事件的索赔 其他索赔(货币贬值、汇率变化等)

业主对属于承包商应承担责任造成的且实际发生了损失,向承包商要求赔偿,称为反索赔。业主的反索赔一般数量较少,而且处理方便,可以通过冲账、扣拨工程款、扣保证金等方式,实现对承包商的索赔;而承包商对业主的索赔则相对比较困难一些,因此下面主要介绍承包商对业主索赔的相关知识。

2. 工程索赔的原因

(1)业主原因

①没有按合同规定提供图纸,未及时下达指令、答复请示,使工程延期;

②没按合同规定的时间交付施工现场、道路,提供水电;

③没有提供应由业主提供的材料和设备,使工程不能及时开工或造成工程中断;

④未按合同规定按时支付工程款;

⑤业主要求修改施工方案,打乱施工程序;

⑥业主要求采取加速措施,业主希望提前交付工程等;

⑦业主要求承包商完成合同规定以外的义务或工作。

(2)合同文件缺陷的原因

①合同条文间有矛盾,措辞不当等;

②由于合同文件复杂,对合同权利和义务的范围、界限的划定理解不一致,以及对合同理解的差异,致使工程管理方面产生的损失。

(3)勘测设计错误

①地质条件变化导致的返工和窝工。

②设计图纸错误导致的返工和窝工。

(4)监理工程师的原因

①下达错误的指令,提供错误的信息。

②业主或监理工程师指令增加工程量,提高设计、施工材料标准。

③苛刻检查。

④非承包商原因,业主或监理工程师指令中止工程施工。

⑤非承包商原因造成未完成或已完工程损坏。

(5)不利的自然灾害和不可抗力的原因

①特别反常的气候条件或自然灾害,如超标准洪水、地下水、地震。

②经济封锁、战争、动乱、空中飞行物坠落。

③建筑市场和建材市场的变化,材料价格和工资大幅度上涨。

④国家法令的修改、城建和环保部门对工程的建议、要求或干涉。

⑤货币贬值,外汇汇率变化。

⑥其他非业主责任造成的爆炸、火灾等对工程实施形成的内、外部干扰。

《标准施工招标文件》中承包人的索赔事件及可补偿内容如表5.15所示。

表5.15　《标准施工招标文件》中承包人的索赔事件及可补偿内容

序号	索赔事件	可补偿内容		
		工期	费用	利润
1	迟延提供图纸	√	√	√
2	施工中发现文物、古迹	√	√	
3	迟延提供施工场地	√	√	√
4	施工中遇到不利物质条件	√	√	
5	提前向承包人提供材料、工程设备		√	
6	发包人提供材料、工程设备不合格或迟延提供或变更交货地点	√	√	√
7	承包人依据发包人提供的错误资料导致测量放线错误	√	√	√
8	因发包人原因造成承包人人员工伤事故		√	
9	因发包人原因造成工期延误	√	√	√
10	异常恶劣的气候条件导致工期延误	√		
11	承包人提前竣工		√	
12	发包人暂停施工造成工期延误	√	√	√
13	工程暂停后因发包人原因无法按时复工	√	√	√
14	因发包人原因导致承包人工程返工	√	√	√
15	监理人对已经覆盖的隐蔽工程要求重新检查且检查结果合格	√	√	√
16	因发包人提供的材料、工程设备造成工程不合格	√	√	√
17	承包人应监理人要求对材料、工程设备和工程重新检验且检验结果合格	√	√	√
18	基准日后法律的变化		√	
19	发包人在工程竣工前提前占用工程	√	√	√
20	因发包人的原因导致工程试运行失败		√	√

续表

序号	索赔事件	可补偿内容		
		工期	费用	利润
21	工程移交后因发包人原因出现新的缺陷或损坏的修复		√	√
22	工程移交后因发包人原因出现的缺陷修复后的试验和试运行		√	
23	因不可抗力停工期间应监理人要求照管、清理、修复工程		√	
24	因不可抗力造成工期延误	√		
25	因发包人违约导致承包人暂停施工	√	√	√

3. 索赔的依据和前提条件

(1)索赔的依据

①招标文件、工程合同、发包人认可的施工组织设计、工程图纸、技术规范等。

②工程各项相关设计交底记录、变更图纸、变更施工指令等。

③工程各项经发包人或监理人签认的签证。

④工程各项往来信件、指令、信函、通知、答复等。

⑤工程各项会议纪要。

⑥施工计划及现场实施情况记录。

⑦施工日报及工长工作日志、备忘录。

⑧工程送电、送水、道路开通、封闭的日期及数量记录。

⑨工程停电、停水和干扰事件影响的日期及恢复施工的日期记录。

⑩工程预付款、进度款拨付的数额及日期记录。

⑪工程图纸、图纸变更、交底记录的送达份数及日期记录。

⑫工程有关施工部位的照片及录像等。

⑬工程现场气候记录，如有关天气的温度、风力、雨雪等。

⑭工程验收报告及各项技术鉴定报告等。

⑮工程材料采购、订货、运输、进场、验收、使用等方面的凭据。

⑯国家和省级或行业建设主管部门有关影响工程造价、工期的文件、规定等。

(2)索赔成立的条件

承包人工程索赔成立的基本条件包括：

①已造成了承包人直接经济损失或工期延误；

②是因非承包人的原因发生的损失；

③承包人已经按照工程施工合同规定的期限和程序提交了索赔意向通知、索赔报告及相关证明材料。

4. 索赔的程序

(1)索赔的提出

根据合同约定，承包人认为有权得到追加付款和(或)延长工期的，应按以下程序向发包人提出索赔：

①承包人应在知道或应当知道索赔事件发生后 28 天内，向监理人递交索赔意向通知书，并说明发生索赔事件的事由。承包人未在前述 28 天内发出索赔意向通知书的，丧失要求追加付款和（或）延长工期的权利。

②承包人应在发出索赔意向通知书后 28 天内，向监理人正式递交索赔通知书。索赔通知书应详细说明索赔理由以及要求追加的付款金额和（或）延长的工期，并附必要的记录和证明材料。

③索赔事件具有连续影响的，承包人应按合理时间间隔继续递交延续索赔通知，说明连续影响的实际情况和记录，列出累计的追加付款金额和（或）工期延长天数。在索赔事件影响结束后的 28 天内，承包人应向监理人递交最终索赔通知书，说明最终要求索赔的追加付款金额和延长的工期，并附必要的记录和证明材料。

（2）承包人索赔的处理程序

①监理人收到承包人提交的索赔通知书后，应及时审查索赔通知书的内容、查验承包人的记录和证明材料，必要时监理人可要求承包人提交全部原始记录副本。

②监理人应商定或确定追加的付款和（或）延长的工期，并在收到上述索赔通知书或有关索赔的进一步证明材料后 42 天内，将索赔处理结果答复承包人。

③承包人接受索赔处理结果的，发包人应在作出索赔处理结果答复后 28 天内完成赔付。承包人不接受索赔处理结果的，按合同中争议解决条款的约定处理。

工程索赔的程序如图 5.3 所示。

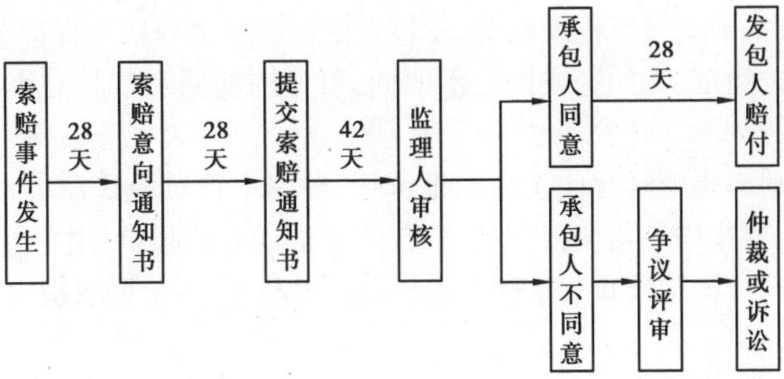

图 5.3　工程索赔的程序

（3）承包人提出索赔的期限

承包人接受竣工付款证书后，应被认为已无权再提出在合同工程接收证书颁发前所发生的任何索赔。承包人提交的最终结清申请单中，只限于提出工程接收证书颁发后发生的索赔。提出索赔的期限自接受最终结清证书时终止。

5. 索赔的计算

1）费用索赔的计算

（1）索赔费用的组成

①人工费：额外工作、加班、法定人工费增长、非承包人原因导致的工效降低、非承包人原因窝工和工资上涨费。在计算停工损失中的人工费时，通常采取人工单价乘以折算系数计算。

②材料费：增加的材料费、发包人原因导致延期期间上涨费和超期储存费。应包括运输

费、仓储费，以及合理的损耗费用。如果承包人管理不善，造成材料损坏失效，则不能列入索赔款项内。

③施工机具使用费：增加额外工作，非承包人原因的降效、发包人或工程师指令错误或延迟导致的停滞。当工作内容增加引起设备费索赔时，按照机械台班费计算。因窝工引起的设备费索赔，不能按照台班费计算：

a. 自有时，按台班折旧费、人工费和其他之和计算；

b. 租赁时，按照台班租赁费加每台班分摊的施工机械进出场费计算。

④现场管理费：新增工作及发包人原因导致工期延期期间的现场管理费，包括管理人员工资、办公费、通信费、交通费。现场管理费计算公式：索赔的直接成本费用×现场管理费率。

⑤总部管理费：发包人原因导致工程延期期间所增加的承包人向公司总部提交的管理费。

a. 按总部管理费的比率计算：

总部管理费索赔金额=(直接费索赔金额+现场管理费索赔金额)×总部管理费比率(%)

b. 以已获补偿的工程延期天数为基础计算：

总部管理费索赔金额=分摊的日管理费×延期天数

⑥保险费：发包人原因导致工程延期，承包人必须办理工程保险、施工人员意外伤害保险的延期手续而增加的费用。

⑦保函手续费：发包人原因导致工程延期时，保函手续费相应增加。

⑧利息：发包人拖延支付工程款利息；发包人延迟退还工程质量保证金的利息；发包人错误扣款的利息等。按约定，无约定或约定不明的，可按同期同类贷款利率或同期贷款市场报价利率(LPR)计算。

贷款市场报价利率是由具有代表性的报价行，根据本行对最优质客户的贷款利率，以公开市场操作利率(主要指中期借贷便利利率)加点形成的方式报价，由中国人民银行授权全国银行间同业拆借中心计算并公布的基础性的贷款参考利率，各金融机构应主要参考 LPR 进行贷款定价。

⑨利润：一般来说，依据施工合同中明确规定可以给予利润补偿的索赔条款，承包人提出费用索赔时都可以主张利润补偿。索赔利润的计算通常与原报价单中的利润百分率保持一致。

⑩分包费用：发包人原因导致分包工程费用增加时，分包向总包索赔，索赔款应列入总承包人对发包人的索赔款项中。

(2)费用索赔的计算方法

①实际费用法(分项法)。

②总费用法：索赔金额=实际总费用-投标报价估算总费用。

③修正的总费用法：索赔金额=某项工作调整后的实际总费用-该项工作的报价费用。

【例】某施工合同约定，施工现场主要施工机械一台，由施工企业租得，台班单价为 300 元/台班，租赁费为 100 元/台班，人工工资为 40 元/工日，窝工补贴为 10 元/工日，以人工费为基数的综合费率为 35%。在施工过程中，发生了如下事件：①出现异常恶劣天气导致工程停工 2 天，人员窝工 30 个工日；②因恶劣天气导致场外道路中断，抢修道路用工 20 工日；③

场外大面积停电，停工 2 天，人员窝工 10 工日。为此，施工企业可向业主索赔多少费用。

【解】各事件处理结果如下：

(1)异常恶劣天气导致的停工通常不能进行费用索赔。

(2)抢修道路用工的索赔额 $=20\times40\times(1+35\%)=1\ 080$(元)

(3)停电导致的索赔额 $=2\times100+10\times10=300$(元)

总索赔费用 $=1\ 080+300=1\ 380$(元)

2)工期索赔的计算

(1)工期索赔中应当注意的问题

①划清施工进度拖延的责任。

a. 可原谅工期：承包人不应承担任何责任的延误。

b. 不可原谅工期：承包人原因造成施工进度滞后。

②被延误的工作应是处于施工进度计划关键线路上的施工内容(非关键工作延误超过了总时差)。

(2)工期索赔的计算方法

①直接法。如果某干扰事件直接发生在关键线路上，造成总工期的延误，可以直接将该干扰事件的实际干扰时间(延误时间)作为工期索赔值。

②比例计算法。如果某干扰事件仅仅影响某单项工程、单位工程或分部分项工程的工期，要分析其对总工期的影响，可以采用比例计算法。

- 已知受干扰部分工程的延期时间：

$$\text{工期索赔额}=\text{受干扰部分工期拖延时间}\times\frac{\text{受干扰部分工程的合同价格}}{\text{原合同总价}}$$

- 已知额外增加工程量的价格：

$$\text{工期索赔额}=\text{原合同总工期}\times\frac{\text{额外增加的工程量的价格}}{\text{原合同总价}}$$

比例计算法虽然简单方便，但有时不符合实际情况，而且比例计算法不适于变更施工顺序、加速施工、删减工程量等事件的索赔。

③网络图分析法。

延误的工作为关键工作，则延误的时间为索赔的工期；

延误的工作为非关键工作，当该工作由于延误超过时差而成为关键工作时，可以索赔延误时间与时差的差值；若该工作延误后仍为非关键工作，则不存在工期索赔问题。

网络图分析法可用于各种干扰事件和多种干扰事件共同作用所引起的工期索赔。

(3)共同延误的处理

工期拖期很少只由一方造成，往往是两、三种原因同时发生(或相互作用)而造成的，故称为“共同延误”。

①确定“初始延误”者，它应对工程拖期负责；

②初始延误者是发包人，承包人可获得工期延长及经济补偿；

③初始延误者是客观原因，补偿工期，很难获得费用补偿；

④初始延误者是承包人原因，则无补偿。

工程索赔案例

评价与反思

完成“典型工作环节 6　处理建设工程索赔”的学习表现评价和反思表。

<table>
<tr><th rowspan="2">典型工作环节名称</th><th rowspan="2">具体任务</th><th colspan="4">学习表现评价
（自评×30%＋互评×30%＋教师评价×40%）</th><th colspan="2">学习表现反思</th></tr>
<tr><th>自评得分</th><th>互评得分</th><th>教师评价得分</th><th>小计得分</th><th>学生反思</th><th>教师点评</th></tr>
<tr><td rowspan="4">典型工作环节 6　处理建设工程索赔</td><td>列举工程索赔的原因(30 分)</td><td></td><td></td><td></td><td></td><td></td><td></td></tr>
<tr><td>确定索赔事件成立的前提条件(20 分)</td><td></td><td></td><td></td><td></td><td></td><td></td></tr>
<tr><td>对索赔事件进行分类(30 分)</td><td></td><td></td><td></td><td></td><td></td><td></td></tr>
<tr><td>描述工程索赔的程序(20 分)</td><td></td><td></td><td></td><td></td><td></td><td></td></tr>
<tr><td colspan="2">签字</td><td colspan="3">自评人签字：</td><td colspan="2">互评人签字：</td><td>教师签字：</td></tr>
<tr><td colspan="3">最终得分</td><td colspan="5"></td></tr>
<tr><td colspan="3">累计得分</td><td colspan="5"></td></tr>
<tr><td colspan="3">对自己未来学习表现有何期待</td><td colspan="5"></td></tr>
</table>

巩固训练

1. 选择题

(1)工程师直接向分包人发布了错误指令，分包人经承包人确认后实施，但该错误指令导致分包工程返工，为此分包人向承包人提出费用索赔，承包人(　　)。(单选)

A. 以不属于自己的原因拒绝索赔要求

B. 认为要求合理，先行支付后再向业主索赔

C. 以自己的名义向工程师提交索赔报告

D. 不予支付，以分包商的名义向工程师提交索赔报告

(2)某施工合同履行过程中，经工程师确认质量合格后已隐蔽的工程，工程师又要求剥露重新检验。重新检验的结果表明质量合格，则下列关于损失承担的表述正确的是(　　)。(单选)

A. 发包人支付发生的全部费用，工期不予顺延

B. 发包人支付发生的全部费用，工期给予顺延

C. 承包人承担发生的全部费用，工期给予顺延

D. 承包人承担发生的全部费用，工期不予顺延

(3)按照《建设工程施工合同(示范文本)》的规定，由于(　　)等原因造成的工期延误，

经工程师确认后工期可以顺延。(多选)

A. 发包人未按约定提供施工场地　　B. 分包人对承包人的施工干扰

C. 设计变更　　D. 承包人的主要施工机械出现故障

E. 发生不可抗力

(4)下列工程施工合同当事人的行为造成工程质量缺陷的,应当由发包人承担的过错责任有(　　)。(多选)

A. 不按照设计图纸施工　　B. 使用不合格建筑构配件

C. 提供的设计有缺陷　　D. 直接指定分包人分包专业工程

E. 指定购买的建筑材料不符合强制性标准

(5)业主在收到承包商送交的索赔报告和有关资料后(　　)天内未予答复或未对承包商作进一步的要求,视为该项索赔已经认可。

A. 30　　B. 28　　C. 14　　D. 15

(6)关于建设项目最终结清阶段承包人索赔的权利和期限,下列说法正确的是(　　)。(单选)

A. 承包人接收竣工结算支付证书后再无权提出任何索赔

B. 承包人只能提出工程接收证书颁发前的索赔

C. 承包人提出索赔的期限自缺陷责任期满时终止

D. 承包人提出索赔的期限自接收最终支付证书时终止

(7)某施工合同中的工程内容由主体工程与附属工程两部分组成,两部分工程的合同额分别为800万元和200万元。合同中对误期赔偿费的约定是:每延误一个日历天应赔偿2万元,且总赔偿费不超过合同总价款的5%。该工程主体工程按期通过竣工验收,附属工程延误30日历天后通过竣工验收,则该工程的误期赔偿费为(　　)万元。(单选)

A. 10　　B. 12　　C. 50　　D. 60

(8)根据《中华人民共和国标准施工招标文件》通用合同条款,下列引起承包人索赔的事件中,可以同时获得工期和费用补偿的是(　　)。(单选)

A. 发包人原因造成承包人人员工伤事故　　B. 施工中遇到不利物质条件

C. 承包人提前竣工　　D. 基准日后法律的变化

(9)根据《中华人民共和国标准施工招标文件》通用合同条款,下列引起承包人索赔的事件中,可以同时获得工期、费用和利润补偿的是(　　)。(单选)

A. 施工中发现文物古迹　　B. 发包人延迟提供建筑材料

C. 承包人提前竣工　　D. 因不可抗力造成工期延误

(10)支持承包人工程索赔成立的基本条件有(　　)。(多选)

A. 合同履行过程中承包人没有违约行为

B. 索赔事件已造成承包人直接经济损失或工期延误

C. 索赔事件是非承包人原因引起的

D. 承包人已按合同规定提交了索赔意向通知、索赔报告及相关证明材料

E. 发包人已按合同规定给予了承包人答复

2. 案例题

某汽车制造厂土方工程中,承包商在合同标明有松软石的地方没有遇到松软石,因此工期提前1个月。但在合同中另一未标明有坚硬岩石的地方遇到更多的坚硬岩石,开挖工作变得更加困难,因此造成实际生产率比原计划低得多,经测算影响工期3个月。由于施工速度减慢,部分施工任务拖到雨季进行,按一般公认标准推算,又影响工期2个月。为此承包商准

备提出索赔。

问题：

(1)该项施工索赔能否成立？为什么？

(2)在该索赔事件中,应提出的索赔内容包括哪两方面？

(3)在工程施工中,可以提供的索赔证据通常有哪些？

附　录

课程思政元素及融入方式表

模块名称	思政元素	融入方式	结合点
项目1 招投标准备	爱国主义	专业案例 小组讨论	结合全民战“疫”的现实背景，彰显中国特色社会主义制度的优越性。在疫情蔓延的紧要关头，只有中国特色社会主义体制能够做到统筹全局、快速反应、及时扭转局面，遏制态势蔓延。激发学生的爱国爱党热情，自觉形成道路自信、理论自信、制度自信和文化自信
	遵守法律 诚实信用	专业案例 故事	结合招投标法律体系知识点和违法案例的学习，让学生从招投标的角度理解中央推行的全面依法治国战略，引导学生养成遵纪守法、诚实信用的职业精神，提高学生职业素养
项目2 招标业务	爱国主义	视频案例 小组讨论	结合鲁布革水电站工程的招标和超级工程——港珠澳大桥、北京鸟巢、方舱医院等工程成功建设的案例分享，让学生体会我国的建设成就，深刻理解我国社会主义制度可以集中力量办大事，激发学生的爱国热情，树立职业自豪感和使命感
	规范意识 工匠精神	软件操作 展示	结合编制资格审查文件操作过程，培养学生的规范意识和精益求精的工匠精神，同时引导学生遵守法律法规要求，提高学生职业素养
	社会主义核心价值观 诚实信用	软件操作 展示	结合编制招标文件内容，对工程进行解读，明确招标过程中要依法公开、公平、公正，践行社会主义核心价值观，培养学生诚实守信、知法守法的意识
项目3 投标业务	职业精神 工匠精神	软件操作 专业案例	结合商务标编制中因计算疏忽出现重大误差导致废标等问题，培养学生严谨负责的职业精神和精益求精的工匠精神
	安全生产 规范意识 工匠精神	现场视频 软件操作 展示	结合 BIM 施工现场布置，强调安全生产和绿色施工的理念，有机融入劳动教育、工匠精神和节能环保教育，培养学生精益求精的工匠精神
	诚实信用、 依法、守法	专业案例 展示	结合投标文件解读，端正投标态度，培养学生仔细严谨、认真负责的职业观念

续表

模块名称	思政元素	融入方式	结合点
项目 4 开标、评标、定标及签订合同业务	团结协作、公平公正	角色扮演 讨论	结合分组协作完成模拟开标过程，用角色代入的方法，强化学生严谨、细致的学习态度和团队协作意识，增强实操能力，潜移默化地提升学生的职业素养
	文明礼仪、友善教育	角色扮演 讨论	结合合同谈判技巧，强调日常生活、工作中的基本礼仪和工作礼仪，培养学生的基本商务礼仪，使学生在待人接物过程中重视基本礼仪，发生争议、分歧时采用合法途径解决，培养学生和谐交际的意识
项目 5 施工合同管理和工程索赔	诚实信用	专业案例 讨论	结合施工合同、管理合同履行过程中，发包人和承包人都应该要遵循的诚实信用原则，再次引入“诚信”这个价值观，签合同的双方当事人都应该用行动表明自己的信用，强调现代商业经济是构建在诚信这个基础上的
	遵纪守法	专业案例	结合索赔计算的案例，强调建筑精细化管理尤为重要，引导学生踏实认真地努力学习文化知识，以事实为依据，以法律为准绳，自觉维护合同的严肃性，提高按合同办事的法律意识，为建筑业转型升级贡献自己的力量

举世瞩目超级工程——港珠澳大桥

投标文件的编制——精益求精的工匠精神

招标投标领域职业道德建设时不我待

招投标暗箱操作案

招投标原则——讲诚实守信用

招投标制度的起源与发展

遵守行业规则

参考文献

[1] 冯伟,张俊玲,李娟. BIM 招投标与合同管理[M]. 北京:化学工业出版社,2018.

[2] 严玲. 招投标与合同管理工作坊:案例教学教程[M]. 北京:机械工业出版社,2020.

[3] 宋春岩. 建设工程招投标与合同管理[M]. 4 版. 北京:北京大学出版社,2018.

[4] 中华人民共和国住房和城乡建设部,中华人民共和国国家质量监督检验检疫总局. 建设工程工程量清单计价规范:GB 50500—2013[S]. 北京:中国计划出版社,2013.

[5] 全国造价工程师职业资格考试培训教材编审委员会. 建设工程计价[M]. 北京:中国计划出版社,2019.

[6] 全国造价工程师职业资格考试培训教材编审委员会. 建设工程造价管理[M]. 北京:中国计划出版社,2019.

[7] 全国造价工程师职业资格考试培训教材编审委员会. 建设工程造价案例分析(土木建筑工程、安装工程)[M]. 北京:中国计划出版社,2019.